TASMOTA
Desarrollo de aplicaciones domóticas
con ESP8266 sin programación

Tomás Domínguez Mínguez

TASMOTA
Desarrollo de aplicaciones domóticas con ESP8266 sin programación

Tomás Domínguez Mínguez

Tasmota. Desarrollo de aplicaciones domóticas con ESP8266 sin programación

Primera edición, 2024

© 2024 Tomás Domínguez Mínguez

© 2024 MARCOMBO, S. L.
www.marcombo.com

Ilustración de cubierta: Jotaká
Maquetación: quimdiaz.net
Corrector: Héctor Tarancón
Directora de producción: M.ª Rosa Castillo

ISBN: 978-84-267-3850-9
D.L.: B 11685-2024

Impreso en Arteos
Printed in Spain

Libro ecológico
Impreso con papel procedente de bosques gestionados de manera eficiente, libre de cloro

TABLA DE CONTENIDO

Unidad 1
INTRODUCCIÓN

Internet de las cosas, también conocido por sus siglas en inglés IoT *(Internet of Things)*, es un concepto propuesto por Kevin Ashton en 1999 para referirse a la conexión e intercambio de datos entre todo tipo de objetos a través de Internet. El éxito de esta tecnología se debe a que amplía enormemente su utilidad, ya que permite controlar objetos a distancia (p. ej., encender o apagar una luz), enviar los datos recogidos por unos sensores (p. ej., la humedad o la temperatura) o, incluso, notificar alertas (p. ej., alarmas, fallos de funcionamiento). Por todo ello, Internet de las cosas está presente cada vez en más sectores, como el de la medicina, la industria, el transporte, la energía, la agricultura, las ciudades inteligentes y, muy especialmente, el de la domótica, eje central de esta obra.

El término domótica hace referencia al conjunto de técnicas que permiten la automatización y el control inteligente de cualquier aparato eléctrico existente en una vivienda (desde una simple bombilla, pasando por la calefacción, hasta un completo sistema de vigilancia) con el fin de aumentar el confort y la seguridad o reducir el consumo energético, entre otros muchos beneficios.

Un sistema domótico no es una entidad monolítica, sino que está formado por un conjunto de componentes interconectados entre sí:

- Sensores y actuadores
- Controlador domótico
- Red de comunicación

Los sensores son dispositivos que recogen información del entorno. Los hay de muchos tipos, como los de humedad, temperatura, movimiento, distancia, nivel de líquidos, etc. Los actuadores son elementos que modifican el entorno, como los servos, motores, relés, etc. Naturalmente, un mismo dispositivo podrá tener uno o más sensores o actuadores. En las diversas prácticas propuestas en este libro se utilizarán muchos de ellos.

El controlador domótico es el cerebro del sistema. Allí es donde reside la lógica que permite automatizar tareas repetitivas que habitualmente se hacen de forma manual. Su comportamiento lo establece un conjunto de reglas que se encargan de darles las órdenes adecuadas a los actuadores en función de los datos recibidos por los sensores.

Con las reglas podrá decidir, por ejemplo, cuándo se debe encender o apagar una luz: a una determinada hora del día, al anochecer, cuando un sensor detecte un nivel mínimo de luz o la presencia de una persona, el vencimiento de un temporizador o cualquier combinación de estos criterios.

Aunque lo ideal sería contar con un controlador como Home Assistant, en los sistemas domóticos sencillos (pero, no por ello, menos prácticos), como los que aprenderá a desarrollar en este libro, Tasmota ofrece todo lo necesario para realizar esta función, tanto en lo referente a la creación de la lógica de control como a las capacidades de comunicación, ya que podrá ser receptor y/o emisor de órdenes y/o información.

Las redes de comunicación son precisamente las que hacen posible la interconexión entre los sensores, los actuadores, los controladores e, incluso, los dispositivos del usuario, desde los que manejan los sistemas domóticos (en especial, teléfonos móviles). A este respecto, la red de comunicación más usada en el ámbito domótico es la que existe ya prácticamente en todos los hogares, la red wifi 802.11 b/g/n (aunque hay otras de carácter más específico como ZingBee o Z-Wave).

Sin embargo, para que los componentes de un sistema domótico puedan comunicarse entre sí, además de conectarse a una red wifi, tienen que ser capaces de hablar algún protocolo a nivel de aplicación. De todos ellos, HTTP y MQTT destacan sobre los demás (si bien Matter está ganando adeptos). Aunque a día de hoy ambos son muy utilizados, MQTT es el preferido debido a los escasos recursos que requiere, tanto de comunicaciones como computacionales, lo que facilita su ejecución en microcontroladores sencillos y, por lo tanto, pequeños y baratos, como los basados en el SoC ESP8266. Además, este tipo de microcontroladores reducen el consumo energético, algo importante cuando deben alimentarse con baterías.

 ZingBee y Z-Wave son estándares que incluyen tanto tecnologías de red como protocolos de comunicación.

Una vez conocida la arquitectura de un sistema domótico, lo más fácil sería montarlo con dispositivos comerciales, ya que solo hay que comprarlos, sacarlos de la caja y encenderlos (requieren una configuración muy básica). Son los que se conocen como dispositivos dependientes de los fabricantes. Es la opción más cómoda, pero adolece de diferentes problemas:

- Los dispositivos solo hacen lo que indica el fabricante. Si quisiera una nueva funcionalidad tendría que volver a pasar por caja (suponiendo que esta existiera).

- Solo se integran con quien quiere el fabricante, muchas veces solo con productos de su misma marca.

- Dependen de un servicio en la nube ofrecido por el fabricante, que podría desaparecer sin previo aviso, tal como ya ha sucedido con algunas marcas.

- La privacidad queda en entredicho. Podrían llegar a saber sus costumbres, cuándo está en casa o ha salido, etc.

La mejor forma de resolver parcial o totalmente estos problemas sería hacer uso de dispositivos independientes a los que se pudieran conectar los sensores y actuadores que le gustaran, crear las automatizaciones que hicieran exactamente lo que quisiera y se integraran sin problemas con cualquier otro dispositivo que hablara HTTP o MQTT.

Existen dos formas de conseguir este objetivo:

- Sustituir el firmware del dispositivo que hubiera comprado por otro que le permita modificar su comportamiento según sus necesidades particulares.

- Utilizar componentes genéricos, como los basados en el SoC ESP8266, en los que se pueda instalar dicho firmware.

Entre los firmwares más conocidos se encuentran Tasmota y ESPHome (seguidos por ESPurna o ESPEasy, si bien cada uno cuenta con sus férreos defensores). Aunque todos ellos tienen sus ventajas y sus limitaciones, Tasmota destaca por ser el que puede cargarse en el mayor número de dispositivos comerciales (sustituir el que viene de fábrica).

> Todos estos dispositivos los encontrará en la página https://templates.blakadder.com/.

Aunque este sea el principal motivo del reconocimiento general de Tasmota, esta obra demostrará que tampoco tiene nada que envidiarle a sus competidores cuando se quiera crear sistemas domóticos desde cero con placas basadas en el SoC ESP8266. Su popularidad hace que estas sean compatibles con infinidad de sensores, además de pulsadores, interruptores, potenciómetros, pantallas, relés o cualquier otro tipo de actuador con el que esté familiarizado.

Bienvenido, por lo tanto, a la domótica libre en la que una placa ESP8266 y el firmware Tasmota le permitirán automatizar su casa de una forma sencilla y barata, sin tener que escribir ni una sola línea de código.

1.1 TASMOTA

Tasmota es un firmware de código abierto creado por Theo Arends en 2016 capaz de ejecutarse en los microcontroladores ESP8266, ESP32, ESP32-S o ESP32-C3, fabricados por Espressif.

El término *software* le resultará familiar, no así el de *firmware*, aunque el parecido de estas dos palabras le habrá hecho sospechar la existencia de algún tipo de relación entre ellas. No se equivocaría, ya que ambas hacen referencia a un código (programa). La diferencia es que el firmware es código binario que es ejecutado directamente por un procesador, mientras que el software es un código escrito en un lenguaje de alto nivel que debe ser traducido antes a código máquina (binario). Por ese motivo, un programa escrito en C o en Java puede ejecutarse en cualquier procesador (siempre que exista una máquina virtual o un compilador para él), mientras que un firmware solo puede hacerlo en uno específico. Eso hace que el firmware, a diferencia del software, esté íntimamente unido con el hardware donde se ejecuta, y al que controla. En el caso de Tasmota, el basado en los microcontroladores anteriormente citados.

En la imagen mostrada a continuación se aprecia el aspecto físico de tres placas basadas en el Soc ESP8266 (WEMOS D1, NodeMCU y ESP-01), dos de las cuales se utilizarán en las prácticas que tendrá ocasión de realizar durante la lectura de esta obra.

Por ese motivo, en la siguiente sección se describirán sus principales características. Si no las conocía, aprenderá a perderles el miedo. Si ya las ha usado alguna vez, le servirá para recordar todo lo que ofrecen.

1.2 EL ESP8266

El ESP8266 es un SoC fabricado por la compañía china Espressif compuesto por un procesador Tensilica de 32 bits, que funciona a una frecuencia de reloj entre 80 MHz y 160 MHz, y un chip Wifi 802.11 b/g/n 2.4 GHz (soporta WPA/WPA2) capaz de manejar los protocolos TCP/IP de forma nativa. Lo que no incorpora es una memoria flash, por lo que deberá ser proporcionada por el módulo (placa) donde se monte.

En la descripción anterior se ha hecho referencia a varios conceptos cuyo significado debe conocer o refrescar:

- **SoC *(System on a Chip)*.** Término que se emplea para referirse a un chip que integra diversos componentes comunes en ordenadores o sistemas informáticos (procesador, memoria, wifi, etc.).

- **Memoria flash.** Es aquella en la que se guarda el programa (en este contexto, el firmware).

- **TCP/IP.** Protocolos cuyos acrónimos corresponden a *Transmision Control Protocol / Internet Protocol* (Protocolo de Control de Transmisión / Protocolo de Internet). Se consideran el núcleo de lo que hoy cono-cemos como Internet.

Un detalle importante que quizás se le haya pasado desapercibido es que los ESP8266 funcionan en la banda de 2.4 GHz, por lo que no se pueden utilizar en redes wifi de alta velocidad (5 GHz). Téngalo en cuenta, ya que los rúter actuales suelen ofrecer dos redes diferentes: la normal y la de alta velocidad. El ESP8266 deberá conectarlo siempre a la normal.

Al no disponer de memoria flash, el SoC ESP8266 se adquiere montado sobre una placa o módulo que integra otros componentes adicionales, como, por ejemplo, un programador que permita cargar el firmware a través de un puerto USB del ordenador, un regulador de tensión con el que se pueda alimentar mediante un adaptador de corriente o una batería, etc.

 El programador es en realidad un chip que traduce el protocolo USB al protocolo RS232 (UART) manejado nativamente por este SoC.

El primer módulo basado en el SoC ESP822 fue el ESP-01, fue desarrollado por la empresa AI-Thinker en 2014. Su pequeño tamaño, su escaso consumo y su bajo precio han conseguido que, a pesar de los años transcurridos, siga siendo uno de los más populares. Eso no quiere decir que no haya dejado de evolucionar, ya que a la sombra de este módulo han surgido otros, como el ESP-12, que actualmente se utiliza en multitud de placas, entre las que destacan NodeMCU y WEMOS.

El aspecto del ESP_01 es el que puede ver a continuación:

Se trata de un módulo formado por un SoC ESP8266 con un procesador que trabaja a 80 MHz, un chip de memoria de 512 Kb o 1 Mb (se identifican por su color, azul o negro, respectivamente) y otro wifi 802.11 b/g/n.

El ESP-01 dispone de 8 pines:

- **GND, VCC.** Son los pines de alimentación. No olvide que este componente funciona a 3.3 V.

- **GPIO0, GPIO2.** Pines digitales de E/S. También trabajan a 3.3 V.

- **RX, TX.** Son los pines de recepción y transmisión serie del microcontrolador. Sirven tanto para su programación como para la comunicación con otros microcontroladores. También pueden funcionar como los pines GPIO3 (RX) y GPIO1(TX). De nuevo, recuerde que dichos pines trabajan a 3.3 V.

- **CH_PD.** Cuando su voltaje es de 0 V (nivel bajo) el ESP-01 se apaga y con 3.3 V (nivel alto) se enciende.

- **RESET.** Reinicia el ESP-01 cuando se conecta a GND.

Aunque este módulo sea una buena opción para el desarrollo de sistemas domóticos por su pequeño tamaño (siempre que no se necesite una entrada analógica), en la fase de prototipado le resultará más cómodo utilizar un WEMOS D1, que dispone de un conector USB que permite la carga del firmware directamente desde el ordenador (sin un programador intermedio).

Como puede comprobar en la siguiente imagen, un WEMOS D1 tiene el mismo aspecto que un Arduino UNO, con el que seguramente se encuentra familiarizado.

Al igual que el ESP-01, esta placa está basada en el SoC ESP8266, dotada con un microcontrolador que trabaja a una frecuencia de reloj de 80/160 MHz y una memoria flash de 4 Mb. El tamaño y distribución de sus pines es similar a los de Arduino, aunque únicamente dispone de 11 entradas/salidas digitales (con capacidades PWM, I2C y SPI) y solo una analógica. Otra importante diferencia con Arduino es que todos sus GPIO operan con un voltaje de 3.3 V. Téngalo siempre en cuenta para no provocar daños en la placa.

> Si se fija en la imagen anterior, observará que el aspecto del microcontrolador es diferente al del ESP-01. Eso es debido a que esta placa concreta monta un SoM ESP-12F, que en realidad es un componente en sí mismo, ya que incluye el SoC ESP8266 y la memoria flash en el mismo encapsulado metálico (además de la antena). En realidad, podría comprarlo y utilizarlo de forma independiente. El WEMOS lo que hace básicamente es añadirle el programador, los conectores y un regulador de tensión, lo que facilita su manejo.
>
>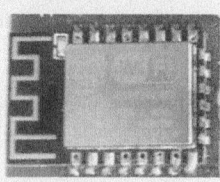

El etiquetado de los pines es confuso porque cada uno de ellos se identifica de varias formas, lo que puede llevar a equívocos. Para salir de dudas, si no tiene a mano la documentación de la placa, dele la vuelta y utilice el serigrafiado de ese lado.

En la siguiente figura se muestra la distribución de los GPIO empleados en los diversos ejercicios que tendrá ocasión de realizar en los siguientes capítulos.

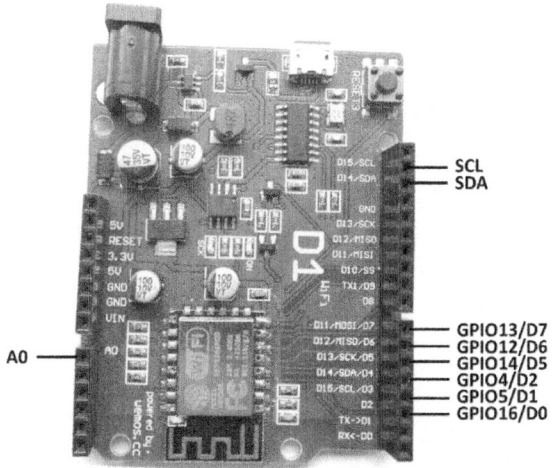

Una vez conocidas las placas con las que va a construir sus propios dispositivos domóticos, ha llegado el momento de instalar en ellos el firmware de Tasmota. Empezará haciéndolo en un WEMOS D1, ya que al poder conectarse directamente al puerto USB de un ordenador resulta la opción más sencilla.

Unidad 2
INSTALACIÓN DEL FIRMWARE TASMOTA

Tasmota ofrece distintas alternativas de instalación en dispositivos basados en el SoC ESP8266:

- **Instalador web.** Solo es necesario disponer de un navegador Chrome. Se accede a él a través de la URL https://tasmota.github.io/install/.

- **Tasmotizer.** Herramienta que se instala en el propio ordenador (Windows, Linux o Mac). Se puede descargar de https://github.com/tasmota/tasmotizer.

- **ESP Tool.** Herramienta oficial de Espressif para ESP8266 y ESP32. Requiere la instalación previa de Python 3.7 o superior. Todo lo que necesita saber sobre ella se puede consultar en https://github.com/espressif/esptool.

- **ESP-Flasher.** Aplicación que simplifica y facilita el proceso de grabación realizado con ESP Tool. La documentación de instalación se encuentra en https://github.com/Jason2866/ESP_Flasher.

> *i*
>
> El proceso de grabación o instalación del firmware se conoce con el término inglés *flash*. De ahí que a las herramientas anteriores se las denomine *flashing tools*.

De todas las formas posibles de instalar Tasmota en un ESP8266, las más fáciles son las dos primeras, motivo por el que han sido las elegidas para describir este proceso. El instalador web se utilizará con un WEMOS D1, mientras que Tasmotizer se empleará en un ESP-01, más adecuada a las peculiaridades de este tipo de dispositivos, que, por su simplicidad, deben ponerse en modo programación y ejecución de forma manual.

2.1 INSTALACIÓN EN UN WEMOS D1

Tal como se acaba de indicar, la primera instalación de Tasmota se realizará en un WEMOS D1 con el instalador web, ya que es la forma más sencilla y rápida de cargar este firmware en placas basadas en el SoC ESP8266. Por lo tanto, vaya a la página web de Tasmota (https://tasmota.github.io/docs/) y seleccione "Web Installer".

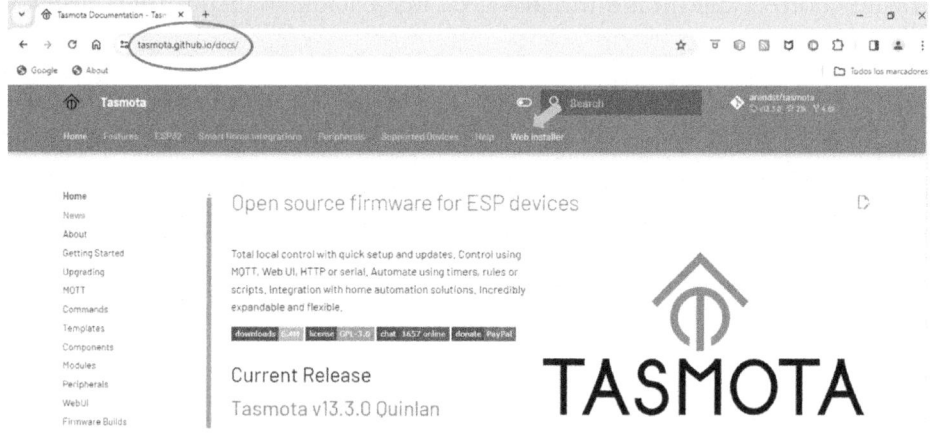

> **i** El proceso descrito será igualmente válido para cualquier otra placa ESP8266 que incorpore un conector USB, como, por ejemplo, un NodeMCU, un WEMOS mini, etc.

En la página web del instalador aparece un texto con los pasos a seguir:

1. Conectar el ESP al ordenador.
2. Seleccionar la variante del firmware que se quiera instalar.
3. Pulsar el botón "CONNECT".

Veamos en detalle cada uno de ellos.

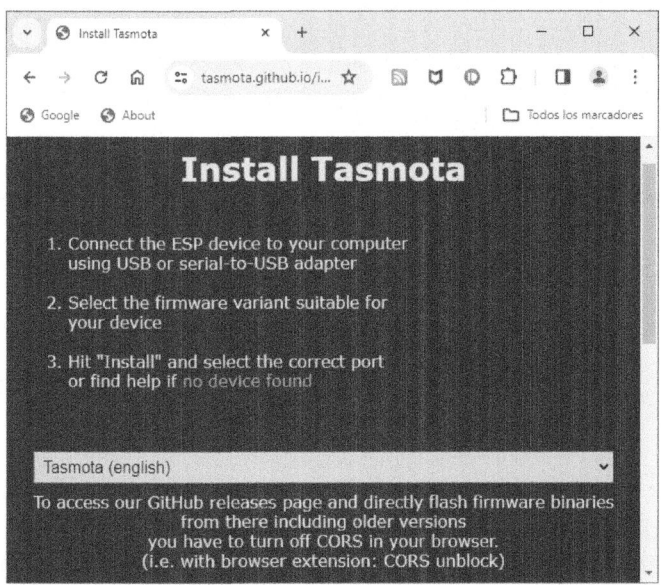

Evidentemente, lo primero que hay que hacer es conectar el WEMOS al ordenador mediante un cable USB (el adaptador serie-USB se utilizaría cuando la placa no lo incorporase, como sucede en los ESP-01).

A continuación, seleccione la variante del firmware de Tasmota que quiera instalar en el menú desplegable que aparece al pulsar sobre el único campo de esta pantalla. Quizás le resulte extraño que haya tantos firmware, pero las funciones que ofrece Tasmota son tan numerosas que no cabrían en la memoria de los dispositivos utilizados. Por ese motivo se han creado diferentes binarios (más pequeños), cada uno de los cuales se enfoca a un conjunto específico de funciones, como, por ejemplo, el que admite una compatibilidad con un mayor número de sensores, el que es capaz de manejar pantallas, el que permite comunicaciones Zigbee, etc. Por lo tanto, deberá asegurarse de que el firmware seleccionado disponga de todo lo que necesita su sistema domótico.

En la sección "Firmware Builds" de la página principal de Tasmota encontrará una breve descripción de todas las variantes del firmware y un enlace donde podrá obtenerlas (https://ota.tasmota.com/tasmota/release/).

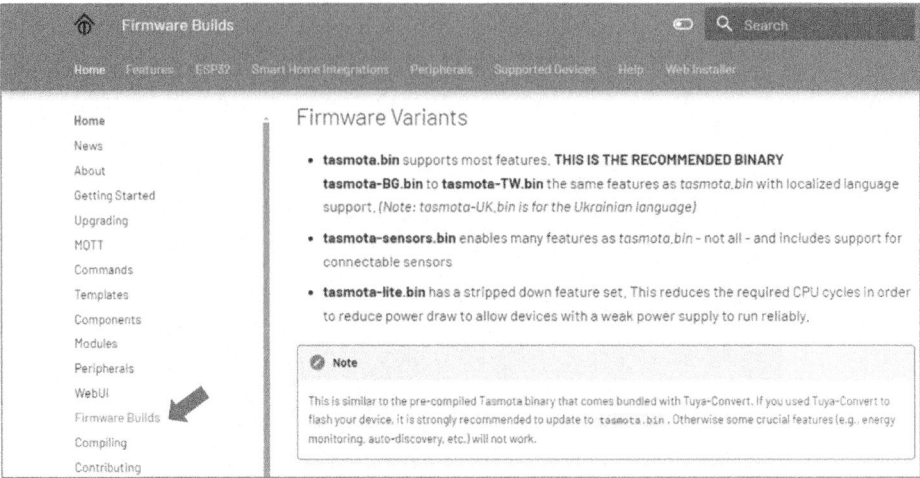

Con el fin de ayudarle a elegir uno de estos binarios (firmware), las opciones del menú desplegable se agrupan en tres grandes categorías: *release*, *development* y *unofficial*. En la primera están las variantes oficiales, en la segunda las que están en fase de pruebas (generalmente resuelven problemas detectados en las oficiales) y, en la última, aquellas que incorporan funciones experimentales.

Lo que se hace habitualmente es instalar una versión oficial y, en concreto, la recomendada por Tasmota ("Tasmota (english)"), que contiene las funciones más populares. Afortunadamente hay una versión de este mismo binario en español ("Tasmota ES"). Selecciónelo.

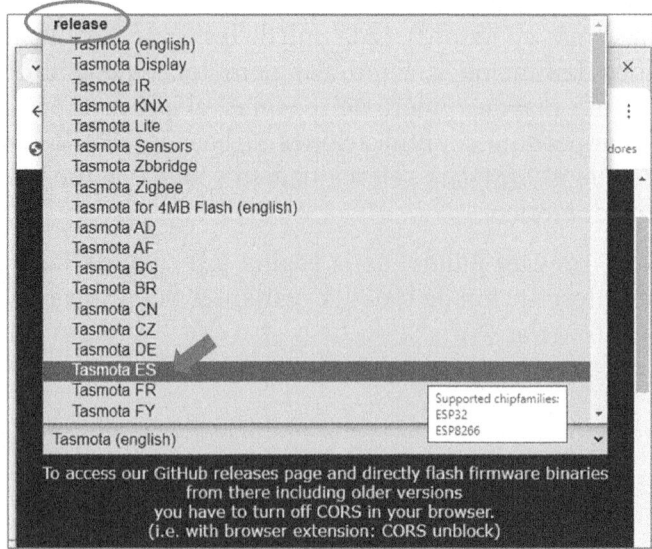

Aunque los binarios ofrecidos por Tasmota tratan de cubrir los distintos ámbitos en los que habitualmente suele usarse, si ninguno de ellos cumpliera completamente con los requerimientos de su sistema domótico, siempre tendría la posibilidad de crear su propio binario con las características requeridas.

En https://tasmota.github.io/docs/Compile-your-build/ se describe el proceso a seguir para compilar su propio firmware.

Una vez elegida la variante del firmware, pulse el botón "CONNECT" para establecer la conexión con el dispositivo WEMOS D1 en el que quiera cargarse.

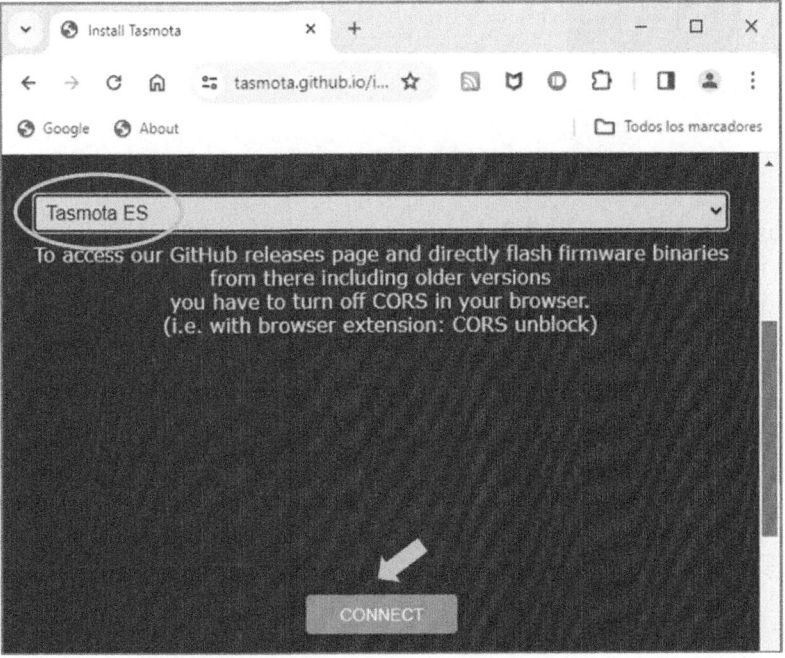

La siguiente pantalla muestra que el instalador ha detectado un dispositivo en el puerto serie COM4 (podía haber sido cualquier otro). Solo es necesario seleccionarlo y hacer clic en el botón "Conectar" para seguir con el proceso de carga del firmware.

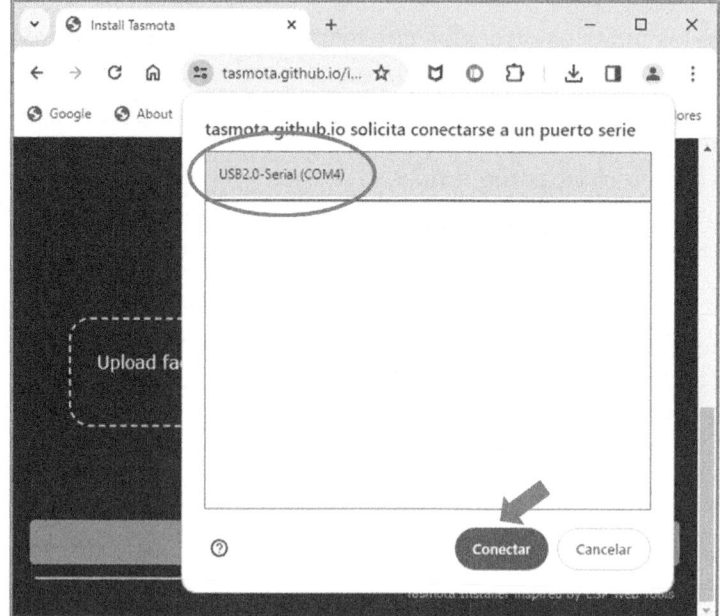

Si ya ha trabajado con el IDE Arduino, al conectar el WEMOS D1 al ordenador lo reconocerá sin problemas. En caso contrario, deberá instalar el controlador de este tipo de placas. Un controlador es un pequeño programa que utiliza el sistema operativo para comunicarse con un dispositivo hardware, en este caso, el chip encargado de convertir el protocolo USB a serie (es el manejado internamente por el ESP8266).

Si su ordenador no reconociera este chip, en lugar de la pantalla anterior vería otra informando de que no hay ningún dispositivo compatible. Al pulsar el botón "Cancelar" (no se puede hacer otra cosa) aparecería una ventana que indica dónde se pueden descargar los drivers necesarios en función del tipo de conversor (CP212, CHG342, CH343, CH9102, CH340 y CH341).

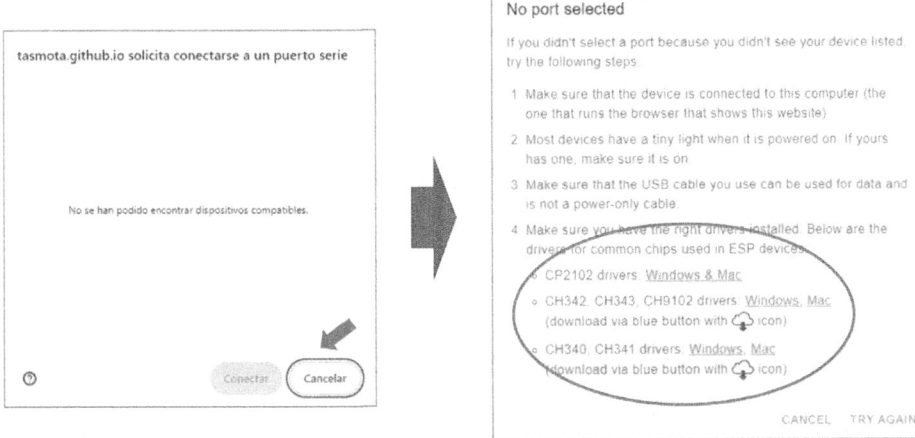

Suponiendo que se trata del CH340 (el usado habitualmente por el WEMOS D1) pulse en el enlace correspondiente a su sistema operativo (Windows o Mac), que le llevará a la página del fabricante. Está en chino, por lo que no le quedará más remedio que seleccionar el idioma inglés pulsando sobre el enlace situado en la esquina superior derecha.

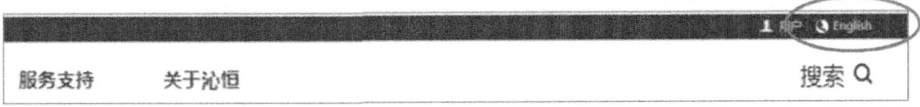

También puede seleccionar la opción "Traducir a español" del menú que se despliega al hacer clic con el botón derecho del ratón en cualquier parte de la página.

Ahora sí, podrá ver el botón "descargar", que tendrá que pulsar para bajar a su ordenador el archivo "CH341SER.ZIP".

Una vez descargado, descomprímalo en una carpeta con su mismo nombre y ejecute el archivo "SETUP.EXE".

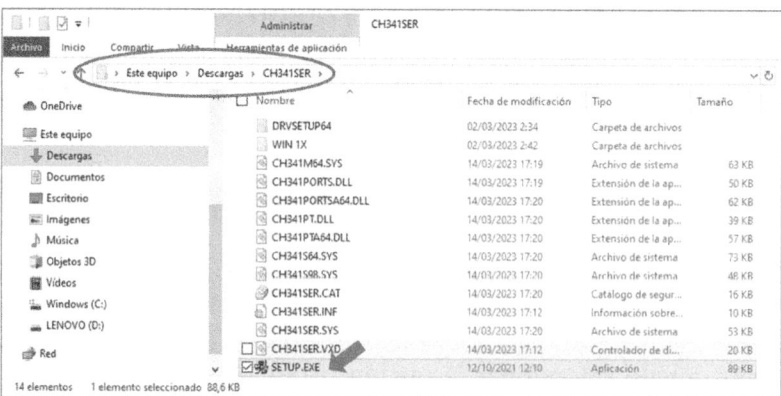

Se abrirá la ventana del instalador del driver, en la que únicamente tendrá que pulsar el botón "INSTALL". Una vez completada la instalación, al conectar de nuevo el WEMOS verá un mensaje emergente en la esquina inferior derecha del escritorio de Windows indicando que el dispositivo ha sido reconocido.

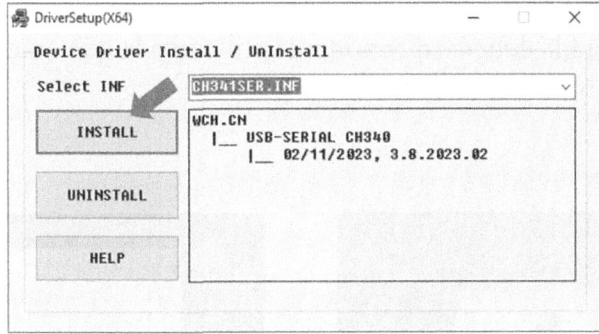

Vuelva de nuevo a la página de instalación del firmware Tasmota y repita los pasos descritos anteriormente. En esta ocasión, una vez reconocida la placa aparece una pantalla en la que deberá pulsar sobre "INSTALL TASMOTA ES", y otra en la que se aconseja marcar la casilla de verificación "Erase device" para borrar todo lo que tenga actualmente la placa. Hecho esto, haga clic sobre "NEXT."

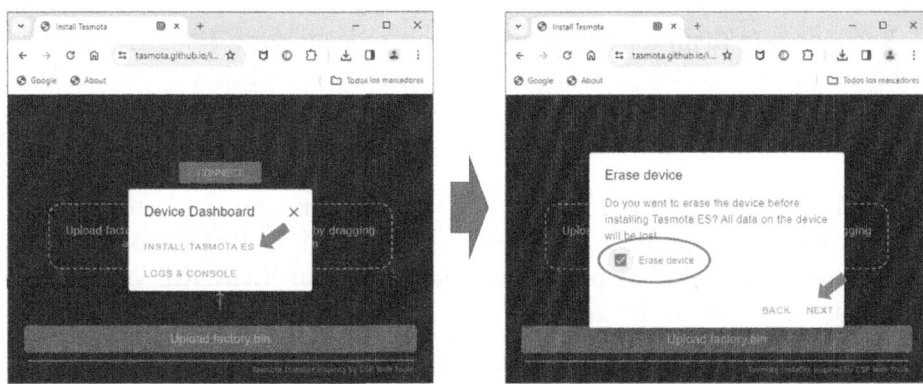

Ya solo queda confirmar la instalación de Tasmota presionando el botón "INSTALL", momento en el que el firmware comenzará a cargarse progresivamente en el WEMOS.

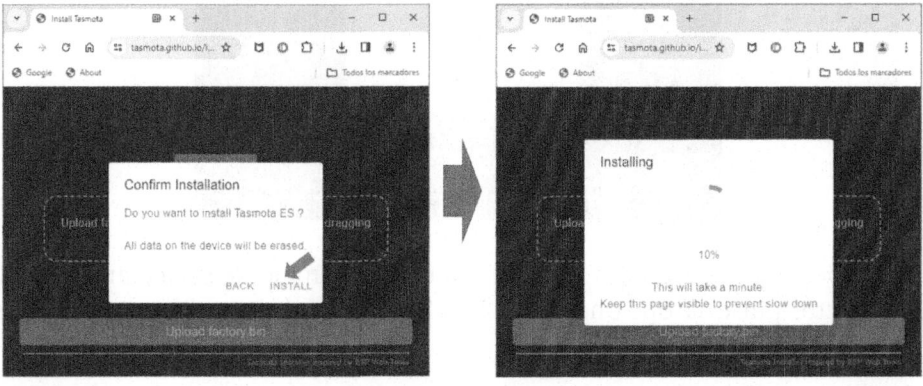

Una vez finalizada la instalación de Tasmota pulse el botón "NEXT." En la siguiente pantalla deberá seleccionar la red wifi a la que quiera conectar el WEMOS e introducir la contraseña.

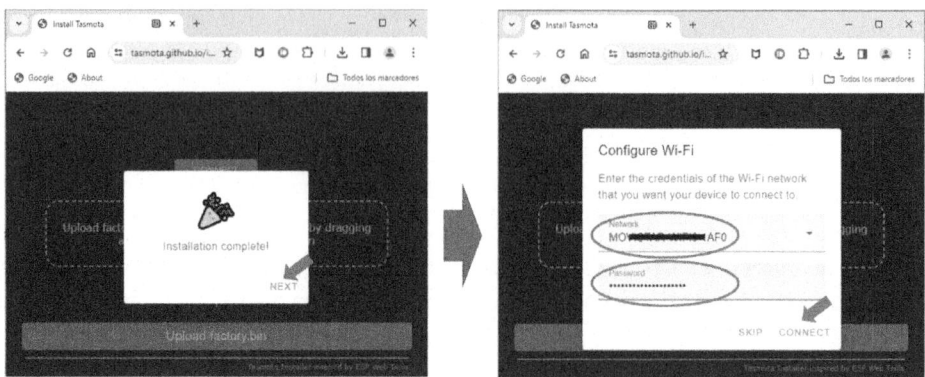

> *i* Recuede que Tasmota solo funciona con redes wifi de 2.4 GHz, no con las de alta velocidad (5 GHz y 6 GHz), que también traen incorporadas muchos rúters modernos.

Si hubiera tenido algún problema a la hora de conectarse a la red wifi, en la pestaña inicial del navegador (desde la que inició la instalación) verá un menú en el que tendría que seleccionar la opción "CHANGE WI-FI" para intentar de nuevo la conexión.

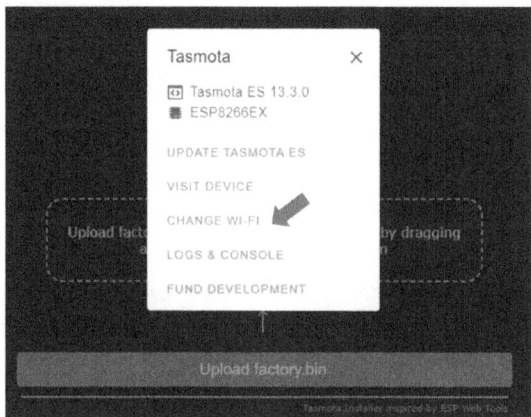

Ya solo queda comprobar que el dispositivo funciona correctamente. A tal efecto, pulse la opción "VISIT DEVICE" para abrir su interfaz web de administración.

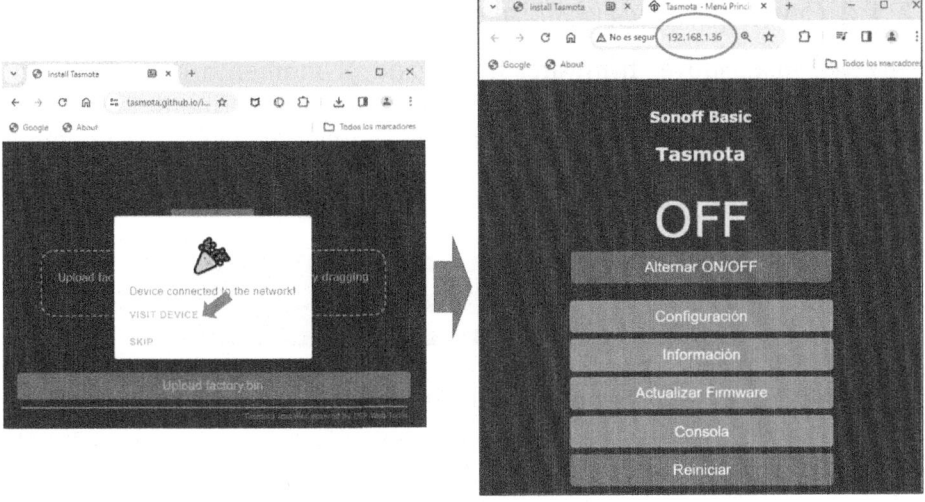

Fíjese bien en la dirección IP que aparece en la barra de direcciones del navegador. Es la del servidor web que ofrece la página HTML con la interfaz de administración de Tasmota. Será la que tendrá que utilizar desde cualquier ordenador o teléfono móvil conectado a la misma red wifi para acceder a ella. Si quiere comprobarlo, abra un navegador web en su teléfono móvil e introduzca esta misma dirección IP (en mi caso es la 192.168.1.36, aunque en el suyo podría ser otra diferente). Deberá ver la misma interfaz web.

2.1.1 Configuración inicial

Una vez instalado el firmware, ha llegado el momento de configurarlo según sus necesidades, en especial empezando por el tipo de dispositivo en el que se ejecuta. Estoy seguro de que es una persona curiosa y que le habrá llamado la atención que en la parte superior de todas las pantallas de la interfaz web aparezca el nombre "Sonoff Basic".

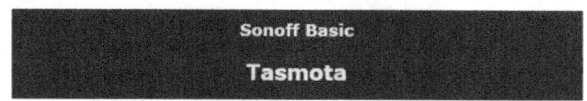

Se trata de un producto comercial de Sonoff compatible con Tasmota que permite encender y apagar todo tipo de aparatos eléctricos desde cualquier lugar, tal como se indica en su página web (https://sonoffdomotica.com/product/sonoff-basic/).

Es el tipo de módulo que viene configurado por defecto en la instalación (sería el que sustituiría el firmware del fabricante de este dispositivo). Por lo tanto, habrá que cambiarlo para informar a Tasmota de que se está ejecutando en una placa genérica. Para ello, seleccione la opción "Configuración" → "Configuración del Módulo".

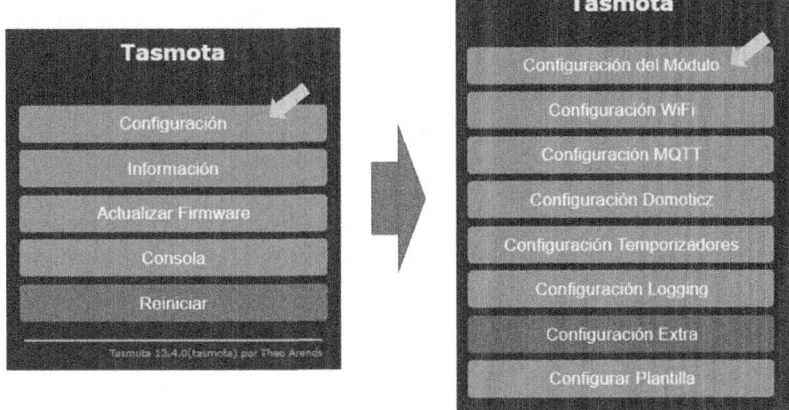

En la pantalla que aparece, elija la opción "Generic (18)" del menú desplegable asociado al campo "Tipo de módulo" (actualmente Sonoff Basic).

Para hacer efectivo el cambio pulse el botón "Grabar", lo que provocará el reinicio del WEMOS. Vuelva de nuevo a la misma pantalla y compruebe que ahora el tipo de dispositivo ha pasado a ser "Generic" y que ha aumentado el número de GPIOs disponibles.

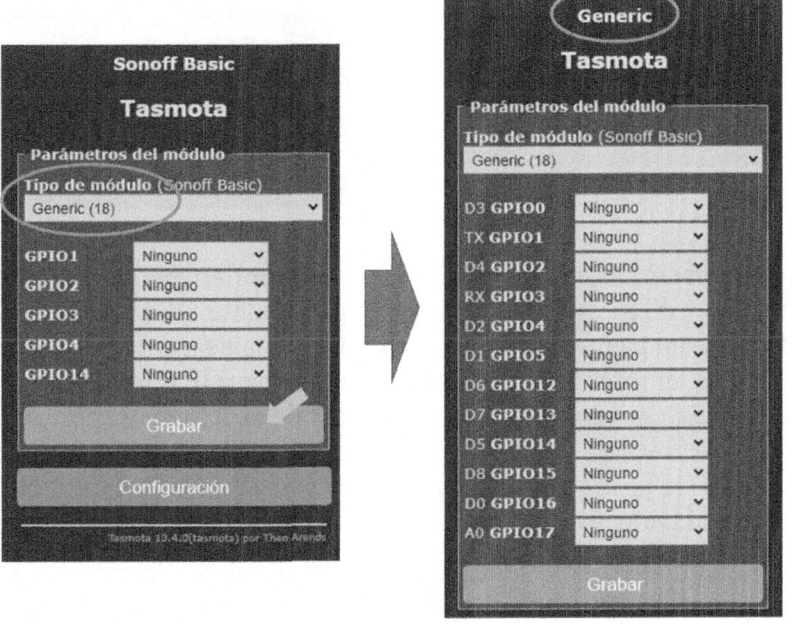

> GPIO es el acrónimo de *General Purpose Input/Output* (Entrada/Salida de Propósito General). Son los pines a los que se conectan los sensores de los que se quiere obtener información o los actuadores que se quiere controlar.

Lo siguiente que debe hacer es asignarle una dirección IP fija al dispositivo. Para entender el motivo, antes debe tener unos conocimientos básicos de comunicaciones. Vayamos paso a paso.

De momento, lo único que sabe es que Tasmota ejecuta un servidor web cuya función es atender por una dirección IP las peticiones HTTP que le llegan desde cualquier navegador conectado a la misma red wifi. Esta y otra información relacionada con las comunicaciones web se puede consultar en la pantalla que aparece al seleccionar la opción "Información" del menú principal de Tasmota.

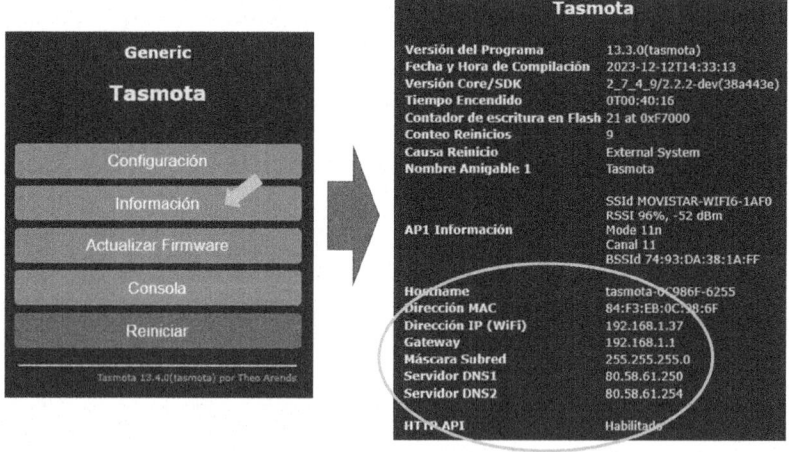

Si es observador, se habrá dado cuenta de que la dirección IP ahora es 192.168.1.37, diferente a la que tenía originalmente (192.168.1.36). Eso es debido a que en algún momento el WEMOS se ha desconectado y, al volver a conectarse, el rúter le ha asignado otra dirección IP diferente con DHCP (*Dynamic Host Configuration Protocol*, Protocolo de Configuración Dinámica de Host). Se trata de un protocolo utilizado por la mayoría de los rúters para asignar de forma dinámica las direcciones IP a los dispositivos que se conectan a la red wifi.

Esto es un problema, ya que la forma de acceder a la interfaz web de Tasmota es a través de su dirección IP. Por lo tanto, si no dispusiera de ninguna herramienta que le informara las que hay ocupadas en su red (por ejemplo, IPScan), tendría que ir probándolas todas hasta acertar con la asignada a Tasmota actualmente.

Para evitar que el rúter sea el que asigne la dirección IP a su dispositivo, Tasmota ofrece la posibilidad de establecer una de tipo estático (no se puede cambiar). A tal efecto, seleccione la opción "Consola" del menú principal inmediatamente después de conectarse a la red wifi.

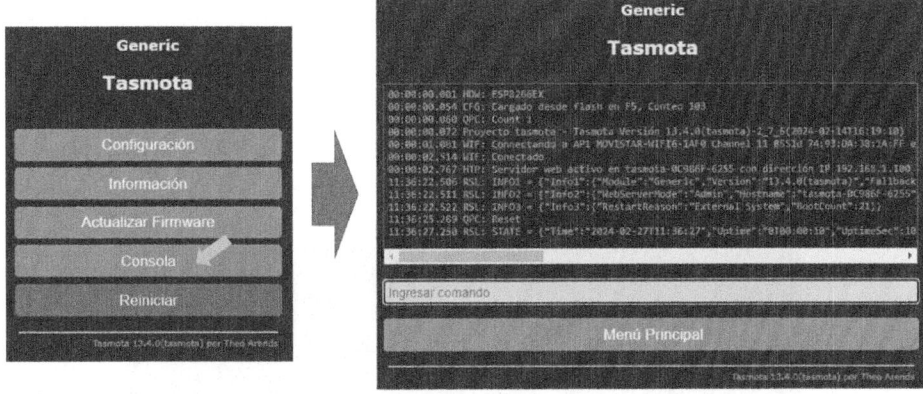

Como puede observar, aparece una pantalla con información de lo que hace Tasmota de forma autónoma y un campo de texto en el que se pueden ejecutar comandos (además del botón que le llevaría de nuevo al menú principal), uno de los cuales es el que permite asignarle una IP estática al dispositivo:

```
ipaddress1 dirección IP
```

Por ejemplo, si quisiera que la dirección IP del suyo fuera siempre 192.168.1.100 tendría que ejecutar el siguiente comando:

```
ipaddress1 192.168.1.100
```

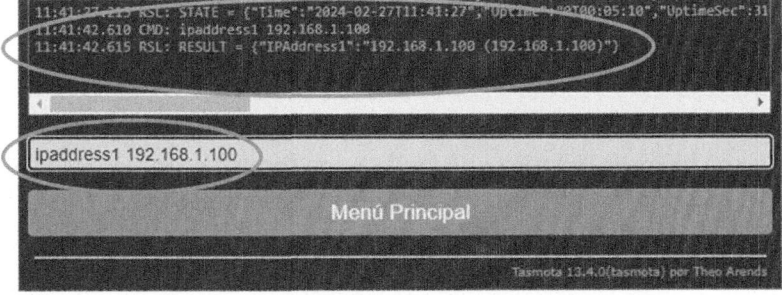

En la parte superior verá una línea con el comando ejecutado (CMD) y otra con el resultado obtenido (RSL). En un capítulo posterior aprenderá a interpretarlas.

Para confirmar que el comando ha surtido efecto, desconecte el WEMOS del ordenador y vuelva a conectarlo (o pulse el botón "Reiniciar" del menú principal). En ese momento, la página en la que se encontraba dejará de responder. Abra otra pestaña en el navegador e introduzca la IP 192.168.1.100 en la barra de direcciones. Verá una vez más la interfaz web de administración de Tasmota, lo que demuestra que esa es la nueva dirección IP del dispositivo.

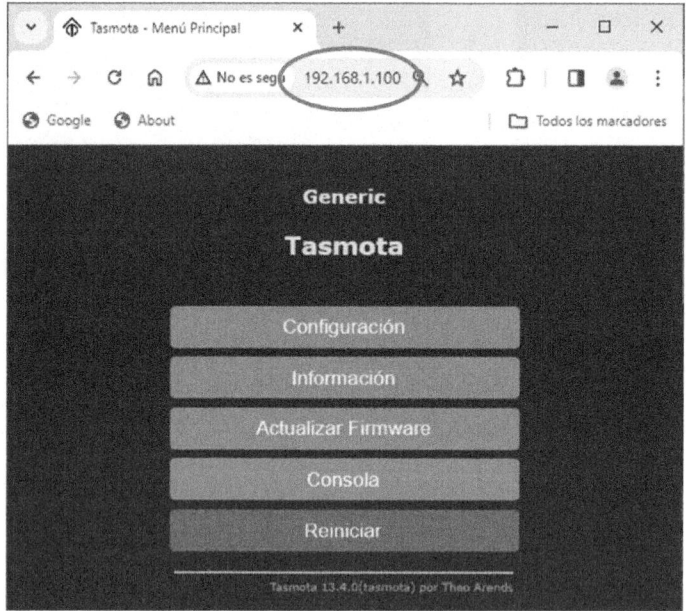

> ℹ️ No use direcciones IP ocupadas por otros dispositivos (el ordenador, el teléfono móvil, Alexa, la televisión, etc.).

2.1.2 Hola Mundo

Siempre que se comienza el estudio de un lenguaje de programación, suele hacerse una primera práctica que facilita una toma de contacto inicial con el lenguaje y su entorno de desarrollo. En este caso no se va a utilizar ningún lenguaje y el entorno de desarrollo será la interfaz web de administración de Tasmota. Con ella podrá hacer todo lo necesario para construir sus propios sistemas domóticos, el primero de los cuales le permitirá encender o apagar una luz (o cualquier otro dispositivo eléctrico) de forma remota desde un ordenador o un teléfono móvil.

A nivel hardware, además del WEMOS D1 donde está cargado Tasmota, solo necesitará conectar un relé al GPIO13/D7.

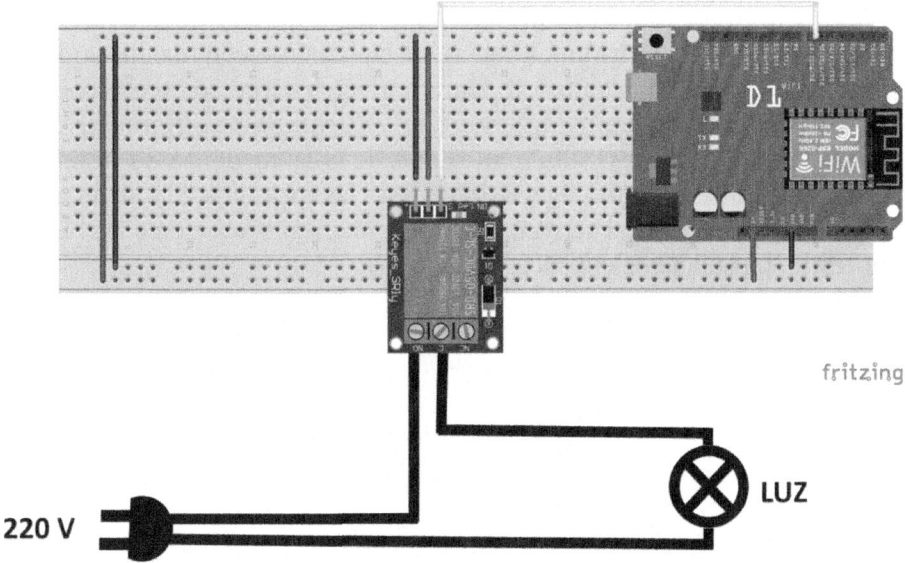

Un relé es básicamente un electroimán (aunque también los hay de estado sólido) que se estimula por medio de una corriente de control muy débil, mediante la que se abre o se cierra un circuito de mucha mayor potencia. Los relés normalmente se venden en una o varias unidades (el de la siguiente figura contiene cuatro) con los circuitos electrónicos de separación entre la baja y la alta tensión integrados.

Como se puede apreciar, soportan tensiones alternas de 250 V y 10 A, por lo que sería posible usarlos con aparatos de hasta 2.5 kW.

El manejo de la corriente eléctrica es peligroso y requiere de conocimientos que no se dan en esta obra, ya que solo se explican conceptos relacionados con la parte de control domótico. Si no los tuviera, realice los ejercicios sin conectar el circuito a la red eléctrica y deje la instalación final del sistema a alguien con experiencia.

Un relé se compone de 3 pines de baja tensión, dos de alimentación (GND y VCC) y un tercero de control con el que se activa o se desactiva. Además de los pines de baja tensión, un relé tiene tres clemas con tornillos que aprisionan los cables conectados al aparato eléctrico que se quiere controlar. Estas clemas se etiquetan con las siglas C *(Central)*, NC *(Normally Closed)* y NO *(Normally Opened)*. El circuito que lleva la corriente de la red debe conectarse entre la clema C y cualquiera de las otras dos. Si quisiera que el aparato se encendiera al activar el relé, engánchenlo a la clema NO. En caso contrario, hágalo a la clema NC.

En placas con más de un relé, los pines GND y VCC son comunes a todos ellos.

Una vez montado el circuito, lo siguiente que debe hacer es configurar Tasmota para que reconozca el relé en el GPIO al que está conectado. Para ello, acceda a la pantalla de configuración del módulo ("Configuración" → "Configuración del Módulo"), pulse sobre el campo correspondiente al GPIO13/D7 y seleccione el componente "Relé" del menú desplegable.

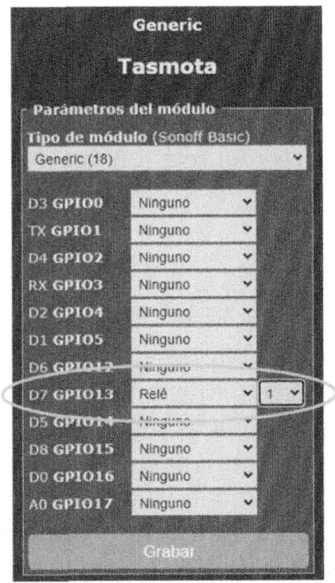

Pulse el botón "Grabar" y espere a que se reinicie el WEMOS D1. Ahora, sobre el menú principal aparecerá la palabra OFF, que indica el estado actual del relé. Para activarlo, pulse el botón "Alternar ON/OFF". Su estado pasará a ser ON, tal como puede ver a continuación:

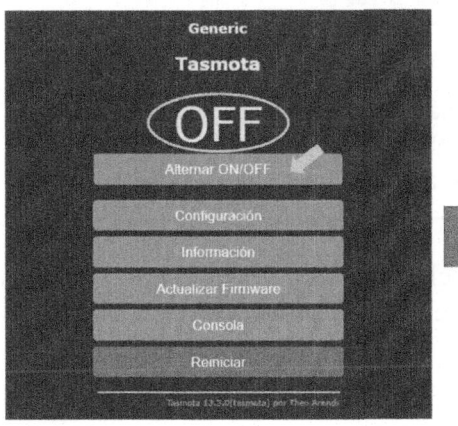
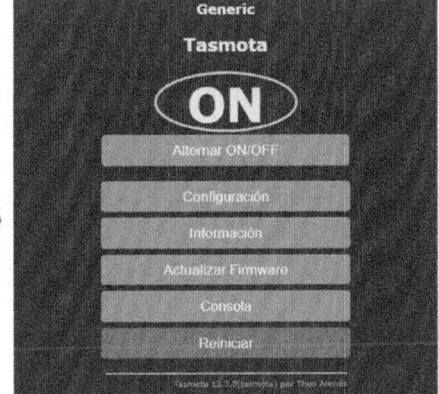

Dicho estado deberá coincidir con el de la luz conectada al relé, por lo que cada vez que pulse el botón "Alternar ON/OFF" deberá oír un clic y ver cómo se enciende o apaga la luz. Si el estado real del relé no coincidiera con el mostrado en la pantalla, existen diferentes soluciones. Una de ellas sería conectar la luz a la clema NC del relé (en vez de a la clema NO). Las otras las conocerá más adelante.

2.2 INSTALACIÓN EN UN ESP-01

Las placas WEMOS D1 son muy útiles durante la fase de prototipado, pero una vez comprobado el correcto funcionamiento del sistema diseñado, seguramente necesite recurrir a placas más pequeñas. En este sentido, si no se requiere el uso de ningún pin analógico, el ESP-01 es la mejor opción. Sin embargo, su pequeño tamaño lo ha ganado, entre otras cosas, evitando la integración en el propio módulo del programador y su correspondiente conector USB, por lo que deberá intercalar uno externo entre este y el ordenador. En la siguiente imagen se aprecia el aspecto que tiene:

En realidad, un programador no es más que un conversor bidireccional entre el protocolo serie (UART) del ESP-01 y el protocolo USB del ordenador. Generalmente, esta labor es realizada por el chip CH340.

En uno de sus extremos se encuentra el conector USB. En el otro están los pines de alimentación (GND y VCC), el de recepción y el de transmisión datos (RX y TX).

Podría estar tentado de alimentar el ESP-1 con los pines VCC y GND del programador. Sin embargo, aunque en un principio parezca que funciona correctamente, su vida útil quedará drásticamente reducida porque estos programadores habitualmente trabajan con 5 V (en vez de los 3.3 V requeridos por el ESP-01), tal como demuestra esta imagen ampliada.

Por lo tanto, será necesario disponer de un módulo de alimentación que proporcione los 3.3 V exigidos por el ESP-01. En la siguiente imagen puede ver el utilizado habitualmente en este tipo de proyectos (MB102).

Como puede observar, tiene dos salidas independientes que se pueden configurar a 5 V o 3.3 V, según la posición de sus jumpers. La corriente suministrada llega a los 700 mA, suficiente para alimentar el ESP-01. La entrada de energía puede venir de un puerto USB, de un adaptador de red (sirve el de Arduino) o de una batería con una tensión entre 6.5 y 12 V. Además, cuenta con un interruptor para encenderla y apagarla.

Por lo tanto, la programación de un ESP-01 requiere los siguientes elementos:

Una vez conocidos los componentes necesarios, veamos cómo deben conectarse entre sí tanto durante la carga del firmware Tasmota como para ejecutarlo.

2.2.1 El modo programación y el modo ejecución

A diferencia del WEMOS, que reconoce cuándo se quiere cargar un firmware o ejecutarlo, al ESP-01 hay que indicárselo explícitamente conectando o desconectando el GPIO0 de GND. Esto, unido al hecho de que el programador trabaja habitualmente con 5 V y el ESP-01 lo hace con 3.3 V, obliga a montar dos tipos de circuitos: uno para la carga del firmware y otro para su ejecución.

El circuito utilizado para la programación del firmware Tasmota es el siguiente:

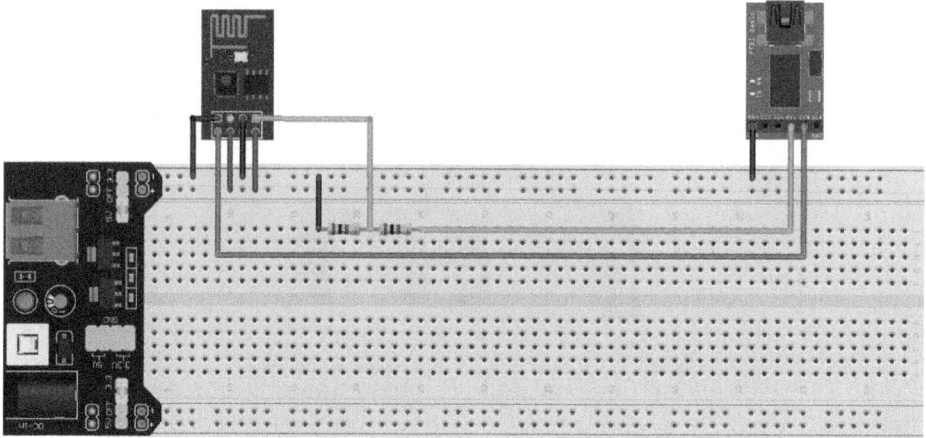

fritzing

Como puede observar, los pines RX/TX de ambos elementos se conectan de forma cruzada para que lo que se envíe por el pin TX de uno de ellos sea recibido por el pin RX del otro. Adicionalmente, entre el pin TX del programador y el RX del ESP-01 hay un divisor de tensión que rebaja los 5 V del programador a los 3.3 V a los que trabajan los GPIOs del ESP8266.

La siguiente imagen muestra en detalle dicho divisor de tensión:

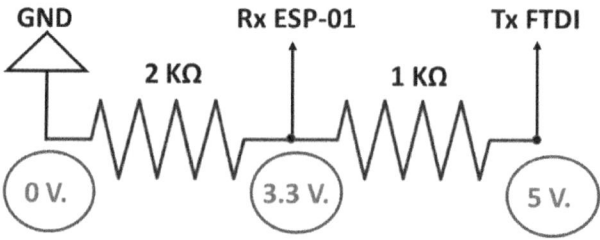

Un voltaje de 3.3 V en el pin TX del ESP-01 es interpretado por el programador como nivel alto en su pin RX (igual que si fueran 5 V), por lo que no habría ningún problema de comunicación en ese sentido.

El programador se alimenta a través del cable USB, mientras que el ESP-01 hace uso del módulo de alimentación, que le proporciona los 3.3 V requeridos (asegúrese de que el jumper esté en la posición adecuada). Como es imprescindible que tenga la misma referencia de tensión que el ordenador, deberá conectar el pin GND del programador al del adaptador.

Finalmente, se conecta CH_PD a VCC (3.3 V) con objeto de mantener encendido el ESP_01 y el GPIO0 a GND para que entre en modo programación.

El circuito utilizado en modo ejecución (una vez cargado el firmware en el ESP-01) se puede ver a continuación:

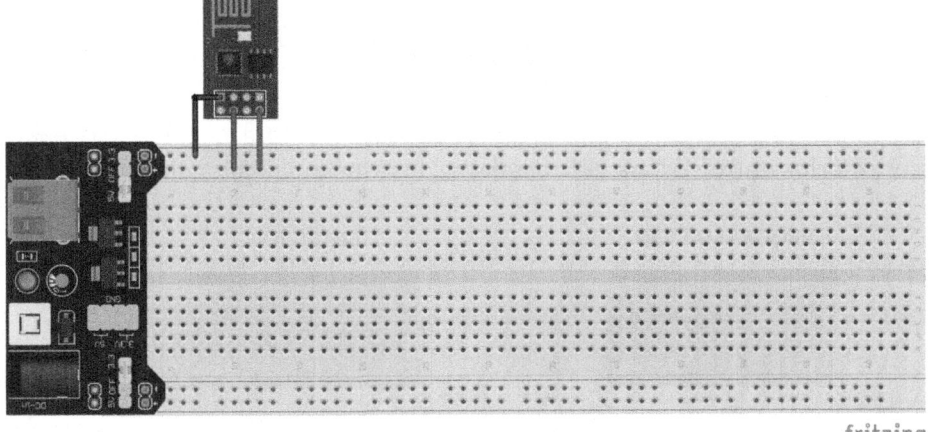

fritzing

 Cuando desconecta el GPIO0 de GND, lo que realmente está haciendo es dejarlo a nivel alto (3.3 V), ya que internamente esta unido a una resistencia de *pull-up*.

Si quisiera evitar el engorro del conexionado anterior, existen programadores a los que se puede conectar directamente el ESP-01, como el mostrado en la siguiente figura:

Como puede comprobar, en el extremo opuesto al conector USB se encuentra aquel en el que deberá insertar el ESP-01. Además, en uno de los laterales tiene un conmutador con dos posiciones: PROG y UART. En la posición PROG entraría en modo programación y en la posición UART en modo ejecución.

Sin embargo, los programadores más comunes no disponen de dicho conmutador (como el mostrado en esta otra imagen), por lo que tendrá que simular su existencia soldando dos cables en los pines GND y GPIO0.

De esta forma, cuando quiera cargar el firmware Tasmota en el ESP-01 deberá conectarlos entre sí. Una vez instalado, desconéctelos para ejecutarlo.

PROGRAMACIÓN   **EJECUCIÓN**

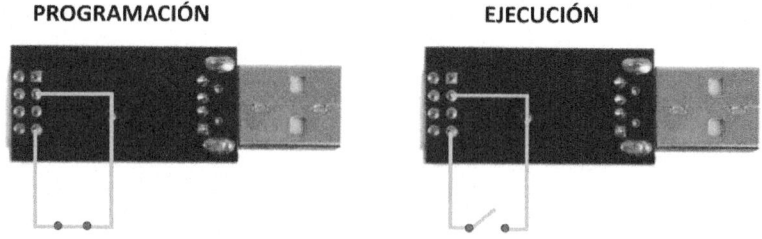

> *i* La forma más fácil de hacerlo es cortando por la mitad un cable Dupont macho-hembra y soldando los extremos por los que hizo el corte a cada uno de los pines.

En cualquier caso, el aspecto del programador una vez insertado el ESP-01 es el mostrado a continuación, donde se aprecia lo práctica que resulta esta alternativa:

Una vez insertado el ESP-01 en el programador con el interruptor en la posición de "PROG" (o con los cables soldados a los pines GND y GPIO0 unidos entre sí), conéctelo a un puerto USB del ordenador. Llegó el momento de cargar el firmware Tasmota.

2.2.2 La herramienta Tasmotizer

A diferencia del procedimiento de instalación seguido con el WEMOS D1, en esta ocasión utilizará la aplicación "Tasmotizer".

Se trata de una herramienta ofrecida por Tasmota para su instalación en microcontroladores ESP8266. Está disponible para Windows en el enlace https://github.com/tasmota/tasmotizer/releases.

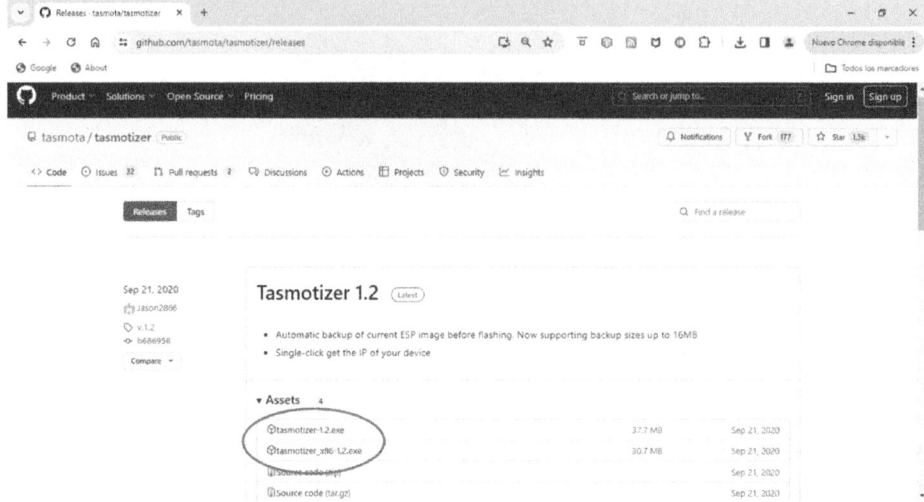

Baje la última versión, que en el momento de escribir esta obra es la 1.2. De todas las opciones disponibles, la más sencilla es la consistente en un archivo ejecutable. Hay dos:

- "tasmotizer.exe" (64 bit)
- "tasmotizer-x86.exe" (32 bit)

> El proceso para obtener esta herramienta en Linux o MacOS no es tan fácil, ya que deberá utilizar pip *(Pip Installs Packages)*, que es un sistema de gestión de paquetes empleado para instalar y administrar software escrito en Python (supone tener previamente instalado el entorno de este lenguaje en su ordenador). En la siguiente página se describe la forma de hacerlo https://www.superhouse.tv/37-installing-tasmota-using-tasmotizer/.

Para saber si su sistema operativo Windows es de 64 bits pulse en el botón "Inicio" y luego en "Configuración."

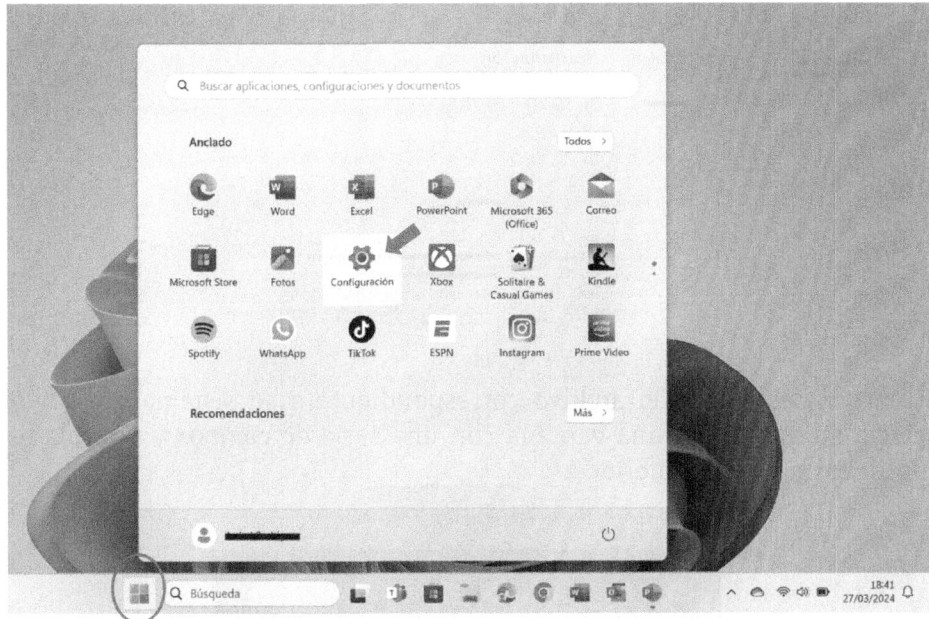

En la ventana que aparece, pulse sobre la categoría "Sistema" en el panel izquierdo y sobre "Información" en el derecho.

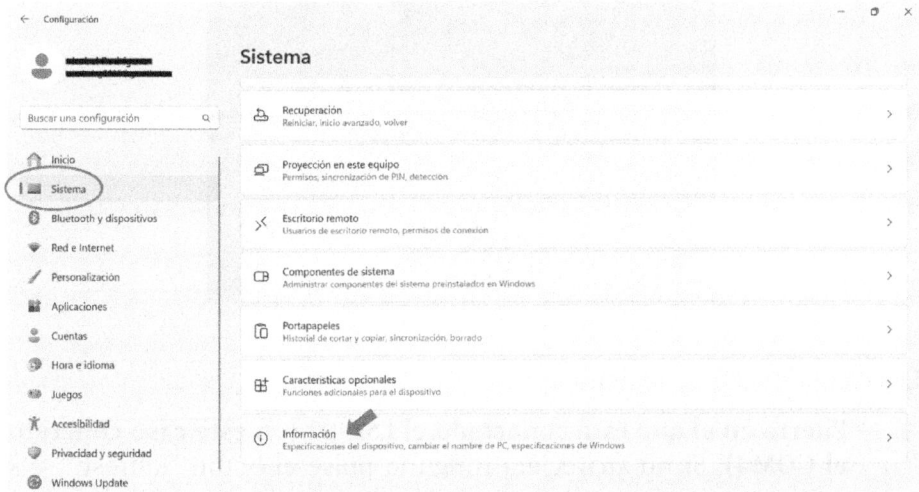

Hecho esto, en el apartado "Tipo de sistema" encontrará la información buscada.

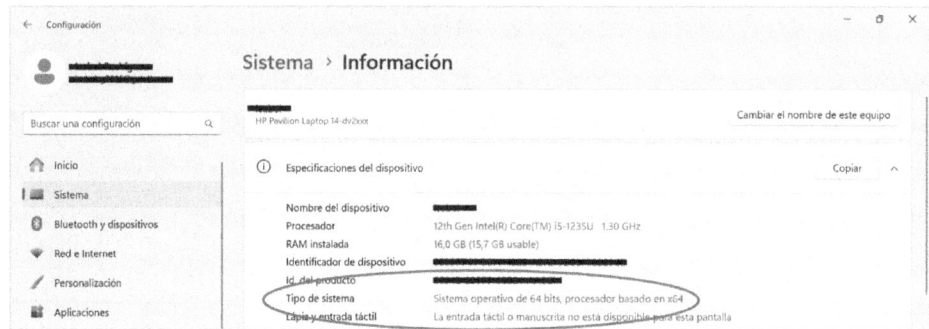

Una vez descargado el archivo correspondiente a su sistema operativo, ejecútelo. Aparecerá una ventana con una serie de campos y una fila de botones en la parte inferior.

Los campos son los siguientes:

- **Puerto en el que está conectado el ESP-01 (en este caso concreto, el COM4).** Si no apareciera ninguno pulse el botón "Refresh", y si tuviera varios dispositivos en serie selecciónelo del menú desplegable asociado a este campo.

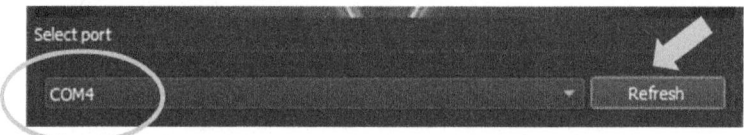

- **Backup.** Si en el dispositivo ya estuviera instalado Tasmota, antes de actualizar el firmware tendría la oportunidad de hacer un backup de su configuración actual.

- **Archivo binario o variante del firmware que quiere cargar en el ESP-01 (tanto oficiales como en desarrollo).** Si marcara el *radiobutton* "BIN File", al lado del campo inferior aparecería el botón "Open" con el que podría abrir el explorador de archivos de su ordenador y elegir uno de los binarios que tuviera almacenados en el disco duro. Eso supone haberlo descargado o generado previamente. En cambio, si marcara cualquiera de los otros dos radiobuttons ("Release" o "Development") solo tendría que seleccionar la variante del firmware en el menú desplegable asociado al campo inferior. En este caso, el archivo binario asociado se obtendría de Internet, no del disco duro de su ordenador. Marque "Release" y seleccione "tasmota-ES.bin".

Compruebe que la versión del firmware (13.4.0) coincide con la más actual en la página https://ota.tasmota.com/tasmota/release/, donde se encuentran todos los binarios de Tasmota.

-

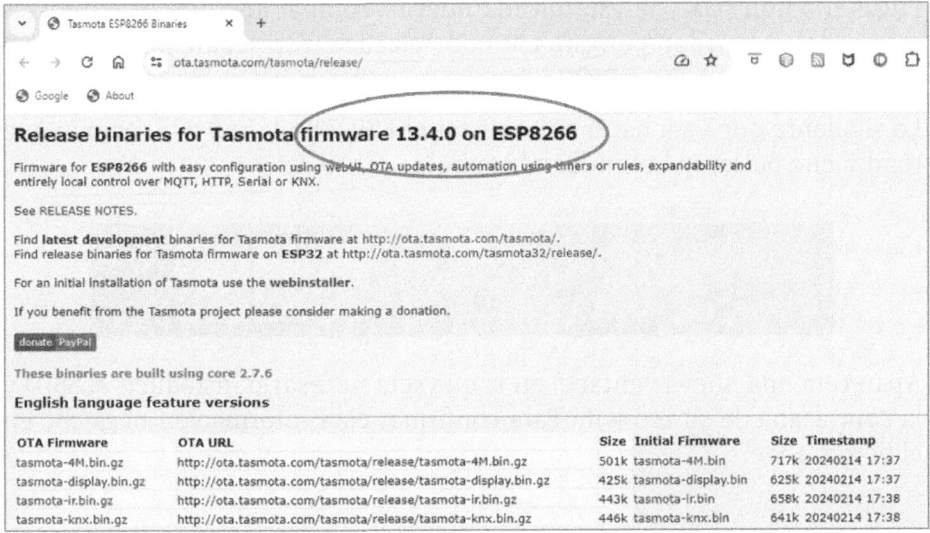

De esta misma página podría descargar el archivo binario que deseara, descomprimirlo y cargarlo en el ESP-01 marcando el radiobutton "BIN File."

También se recomienda marcar la opción de borrado de todo lo que tenga el ESP-01 antes de instalar el nuevo firmware ("Erase before flashing"). Por último, pulse el botón "Tasmotize!"

Hecho esto, aparecerá una ventana que indicará el avance del proceso de instalación. Una vez finalizado, aparecerá otra ventana que le informará del éxito (o fracaso) del proceso y la necesidad de reiniciar el dispositivo.

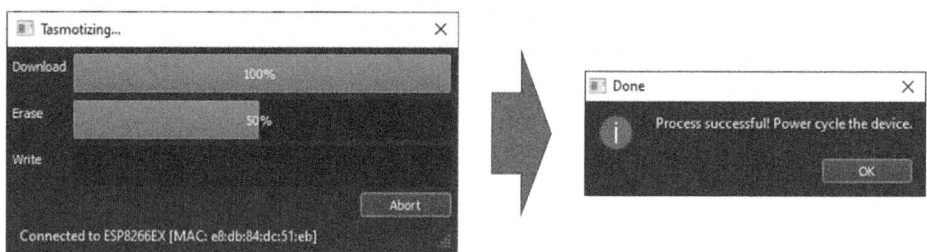

Pulse el botón "OK" de esta última nueva ventana, desconecte el programador del ordenador, póngalo en modo ejecución (o separe los cables que unían los pines GND y GPIO0) y vuelva a conectarlo al ordenador.

Lo siguiente que va a hacer es conectar el ESP-01 a la red wifi, para lo que tendrá que pulsar el botón "Send config."

Aparecerá una nueva ventana, en la que será necesario introducir el SSID y la contraseña de su red wifi. Para confirmar esta información haga clic en el botón "Save."

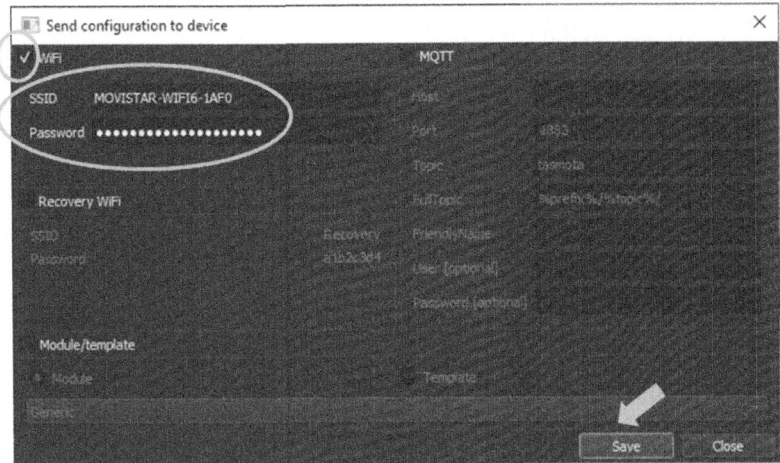

> ℹ️ Si no pudiera editar estos campos, marque la opción "WiFi" en la esquina superior izquierda de la pantalla.

Si todo ha ido bien, verá un mensaje indicando que la configuración se ha transmitido al dispositivo y que deberá reiniciarlo para que tenga efecto. Por lo tanto, vuelva a desconectarlo y conectarlo al puerto USB.

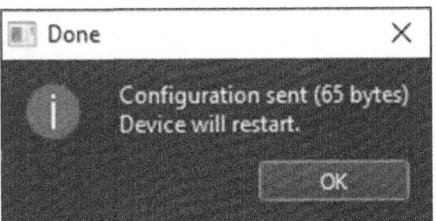

Solo falta saber la dirección IP por la que el ESP-01 muestra su interfaz web. Para ello, solo tiene que pulsar el botón "Get IP".

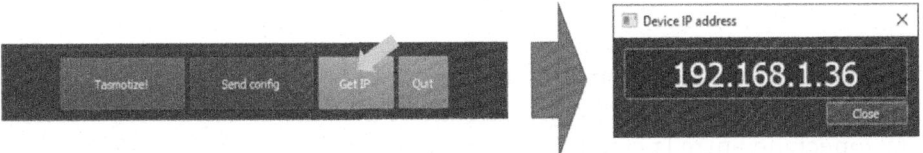

Introduzca dicha IP en la barra de direcciones de un navegador y compruebe que realmente se muestra la interfaz web de administración de Tasmota.

2.2.3 Configuration inicial

Una vez finalizada la instalación de Tasmota, la configuración inicial de un ESP-01 es la misma que la de un WEMOS D1, ya que consiste en asignarle una dirección IP fija y establecer el tipo de dispositivo.

Como ya sabe, para asignar una dirección IP fija se utiliza el comando ipaddress1. Evidentemente, en caso de haber varios dispositivos Tasmota funcionando simultáneamente, sus direcciones IP tendrán que ser diferentes.

En lo que respecta al tipo de dispositivo, aunque el número de pines disponibles en un ESP-01 sea menor que el de un WEMOS, deberá seleccionar la misma opción ("Generic(18)") en el campo "Tipo de módulo" de la pantalla de configuración del módulo. Tras pulsar el botón "Grabar" habrá finalizado la configuración inicial del dispositivo.

2.2.4 Hola Mundo (de nuevo)

El uso de un ESP-01 para el encendido o apagado de aparatos eléctricos está tan extendido que existen pequeñas placas con un relé y un conector en el que puede insertar un ESP-01 para su control. La siguiente imagen muestra este componente con y sin el ESP-01.

En la imagen anterior (derecha) se identifican los pines GND y VCC que alimentarán el ESP-01 y el circuito de control del relé. El dispositivo eléctrico irá conectado entre la clema COM y cualquiera de las otras dos (NO o NC).

Generalmente esta pequeña placa conecta internamente el pin de control del relé al GPIO0 del ESP-01. Por ese motivo, configúrelo de esa forma en Tasmota.

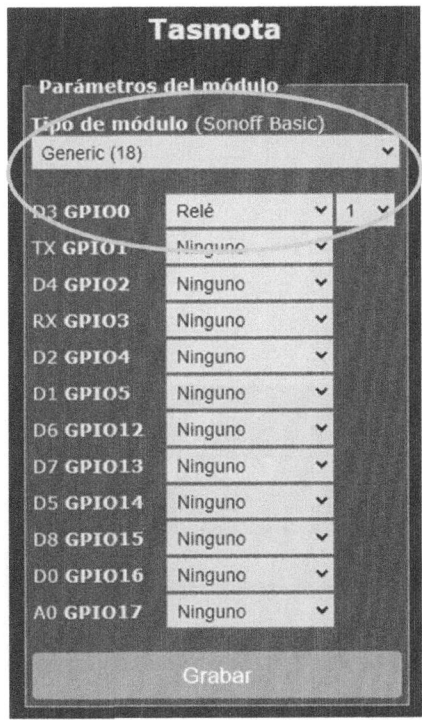

Una vez reiniciado el ESP-01 tras pulsar el botón "Grabar", desconecte el módulo grabador del puerto USB, extraiga el ESP-01, insértelo en el módulo del relé y aliméntelo. Dependiendo de la placa puede funcionar con 5 V o 3.3 V. Asegúrese para no dañarla.

Luego, abra un navegador en su teléfono móvil o en un ordenador y acceda a la dirección IP de Tasmota. Al pulsar el botón "Alternar ON/OFF" deberá oír el clic que hace el relé al activarse o desactivarse. Solo faltaría conectar una lámpara o cualquier otro aparato eléctrico entre el borne central (COM) y uno de los otros dos (NO y NC) para encenderla o apagarla de forma remota.

2.3 LA INTERFAZ WEB DE ADMINISTRACIÓN

La forma de administrar Tasmota es a través de su interfaz web. Por lo tanto, será donde se establezca el comportamiento del sistema domótico. Aunque en los siguientes capítulos se describirán en detalle muchas de las funciones que ofrece, en esta sección se dará una visión general de todas ellas.

Cuando se escribe la dirección IP de Tasmota en un navegador web se muestra una página HTML con el menú principal, formado por las siguientes opciones:

- "Configuración"
- "Información"
- "Actualizar Firmware"
- "Consola"
- "Reiniciar"

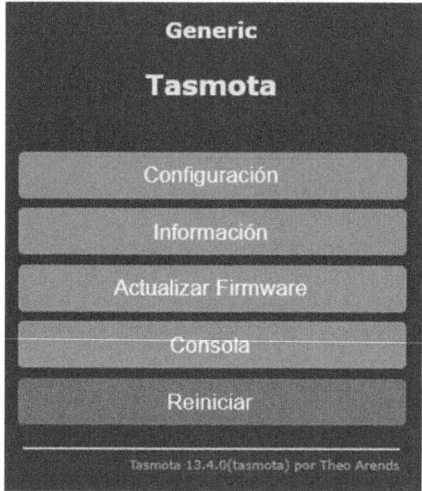

Al pulsar la opción "Configuración" aparecerá otra pantalla con dos grupos de funciones (opciones). Mientras que en la parte superior están las que realmente cambian la configuración del dispositivo, en la inferior se encuentran las que restauran la que tenía originalmente, hacen un backup de la actual o la recuperan en este o en otro dispositivo.

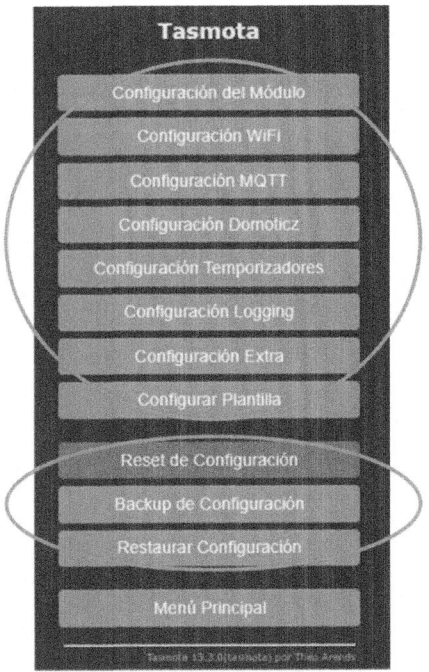

Del primer grupo de funciones ya utilizó "Configuración del Módulo" durante el desarrollo de su primer sistema domótico. Será, junto con la consola, una de las opciones con la que más trabaje.

Las funciones "Configuración MQTT" y "Configuración Temporizadores" tienen un capítulo dedicado a cada una de ellas. La primera le permitirá establecer comunicaciones MQTT con cualquier otro dispositivo que haga uso de este protocolo (no tiene por qué ser Tasmota). Con la segunda podrá encender o apagar cualquier aparato eléctrico el día (o los días) que quiera, a la hora que quiera y durante el tiempo que quiera, ya sea de forma única o periódica.

El resto de funciones no se utilizarán o se activarán de forma puntual, como sucede con la opción "Configuración WiFi", mediante la que se identifican las redes wifi a las que podría llegar a conectarse el dispositivo.

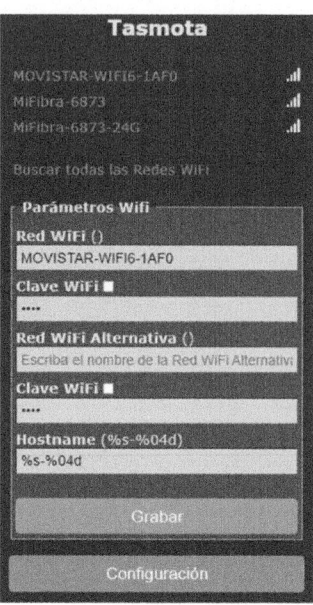

En la parte superior de esta pantalla aparecen las tres redes con mejor cobertura, aunque podría buscar y elegir cualquier otra. En los campos que hay debajo se introducirían los datos de dos redes wifi. Los de la principal, que es la seleccionada durante la instalación del firmware, y, de forma opcional, los de aquella a la que el dispositivo intentaría conectarse en caso de no poder hacerlo a la principal.

Una vez modificado cualquier campo de esta pantalla, pulse el botón "Grabar" para guardar los cambios, lo que provocará el reinicio del WEMOS. Tanto en este caso, como en todos los que requieran un reinicio, deberá esperar a que este finalice para seguir trabajando con la interfaz web. Lo sabrá cuando aparezca de nuevo el menú principal (no pulse en el botón que lleva su nombre).

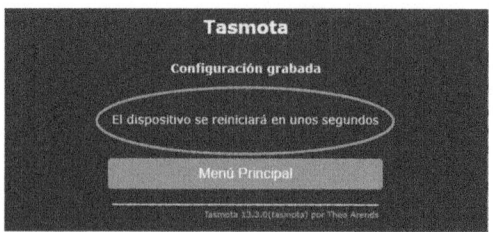

En el segundo grupo de funciones de la pantalla de configuración (el inferior) se encuentran:

• "Reset de configuración"

• "Backup de configuración"

• "Restaurar configuración"

La primera función tiene un color diferente que las demás por ser la más peligrosa, ya que elimina cualquier cambio que haya podido realizar y restaura la configuración inicial del dispositivo. Recurra a ella solo cuando el sistema deje de funcionar, no tenga un backup y no sepa volver a una situación estable.

La segunda función descarga en su ordenador un archivo donde se guardan las configuraciones realizadas.

Este archivo podrá restaurarse en el mismo dispositivo cuando quiera recuperar la configuración que tenía en el momento de hacer el backup (p. ej., ha cometido un error, no sabe cómo arreglarlo y quiere volver a una situación estable). También puede cargarse en un dispositivo diferente clonando, de esta forma, el comportamiento del dispositivo en el que se hizo el backup.

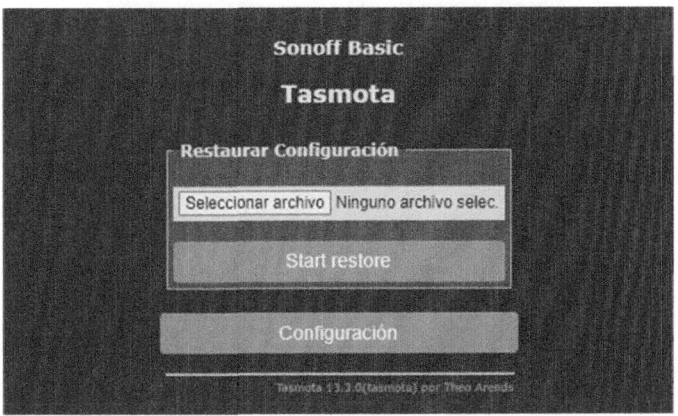

Volviendo de nuevo al menú principal, tanto la opción de "Información" como de acceso a la "Consola" ya las conoce (esta última, junto con la de "Configuración del módulo", será de las más utilizadas), por lo que solo quedan por describir "Actualizar firmware" y "Reiniciar".

La opción "Reiniciar", tal como indica su nombre, tiene el mismo efecto que pulsar el botón reset del WEMOS.

La opción "Actualizar Firmware" también hace lo que indica su nombre. Para ello, se ofrecen dos opciones:

- **"OTA Url."** La actualización se hace de forma inalámbrica descargando el nuevo firmware desde la web https://ota.tasmota.com/tasmota/release/. Habitualmente se usa para cargar una nueva versión que corrige errores o añade alguna nueva funcionalidad. Si quisiera cargar otra variante diferente, modifique la parte final de la URL con el objeto de que coincida con el nombre del binario correspondiente en dicha web.

- **"Actualizar cargando archivo bin."** En este caso, el archivo binario del firmware se obtiene de su propio ordenador, ya sea porque previamente lo ha descargado o porque lo ha generado usted mismo.

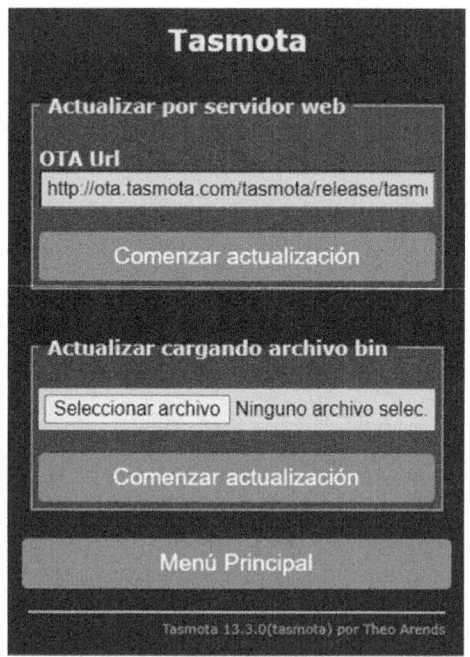

El acrónico OTA significa *Over the Air* (por el aire), indicativo de que no es necesaria una conexión física del dispositivo con el ordenador.

Habrá observado que de vez en cuando la interfaz web tarda en responder. En esas circunstancias aparece una animación circular (imagen izquierda) en lugar de su icono al lado del título de la pestaña (imagen derecha).

No siga pulsando botones porque estará generando nuevas peticiones a Tasmota y, en consecuencia, provocará aún más retardos.

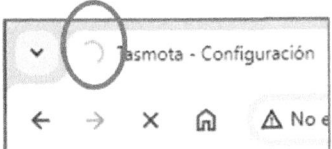 

Puede que durante la realización de las pruebas Tasmota se quede bloqueado (principalmente porque se hayan realizado conexiones de componentes de forma incorrecta o mientras está activo). De ser así, la única alternativa sería reinstalarlo.

Unidad 3
COMPONENTES BÁSICOS DE UN CIRCUITO

Durante la realización de su primera práctica, estoy seguro de que le habrá llamado la atención el gran número de opciones entre las que tuvo que buscar el relé que debía asociar al GPIO13/D7. Son todos los componentes que podría llegar a conectar a ese mismo GPIO. De todos ellos, en esta obra solo trabajará con leds, relés, interruptores, pulsadores, *buzzers* (zumbadores), potenciómetros, sensores de humedad, de movimiento (PIR, *Passive Infrared*) y de temperatura, además de con pantallas LCD.

En este capítulo empezará con los más comunes:

- Leds
- Relés
- Interruptores y pulsadores

Veamos con algo más de detalle cómo se comporta Tasmota con cada uno de ellos.

3.1 LEDS

Un diodo led, tal como indica su acrónimo *(Light Emitting Diode)*, es aquel capaz de emitir luz. Existen muchos tipos de leds, desde los utilizados en iluminación, pasando por los que muestran información en pantallas (las más sencillas son los displays de 7 segmentos), hasta los humildes leds que indican el estado del dispositivo, que serán el objeto de estudio de esta sección. Su sencillez no les resta ninguna importancia, motivo por el que suelen estar presentes en prácticamente todos los sistemas domóticos.

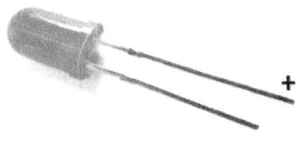

Recuerde que la patilla más larga es la positiva.

Por ese motivo, Tasmota no podría dejar de reconocer este tipo de componentes electrónicos. Sin embargo, al pulsar sobre el campo de cualquier GPIO se observa que en el menú desplegable no hay una única opción, sino cuatro: "Led" y "Led_i", "LedLink" y "LedLink_i". ¿Qué diferencia hay entre ellas?

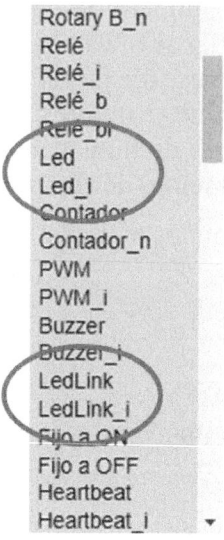

Como sabe, un led puede estar en dos estados, encendido (ON) o apagado (OFF). En el caso de los "Led_i" su estado es el opuesto, es decir, ON cuando están apagados y OFF al encenderse (el sufijo 'i' hace referencia a que su comportamiento es el inverso al de un led normal).

En realidad, no hay dos tipos de led. Es Tasmota el que se comporta de una u otra forma cuando se le ordena que cambie su estado.

Por otra parte, un "LedLink" representa un led que permanece apagado cuando el dispositivo se ha conectado a la wifi. Por el contrario, un "LedLink_i" es un led que se enciende cuando el dispositivo se conecta a la wifi. Se trata, por lo tanto, de un led con una función muy específica, pero muy común en muchos sistemas domóticos, ya que es un indicador de si está o no operativo.

El siguiente circuito, que tiene conectado un led al GPIO13/D7 del WEMOS D1, permitirá demostrar este comportamiento:

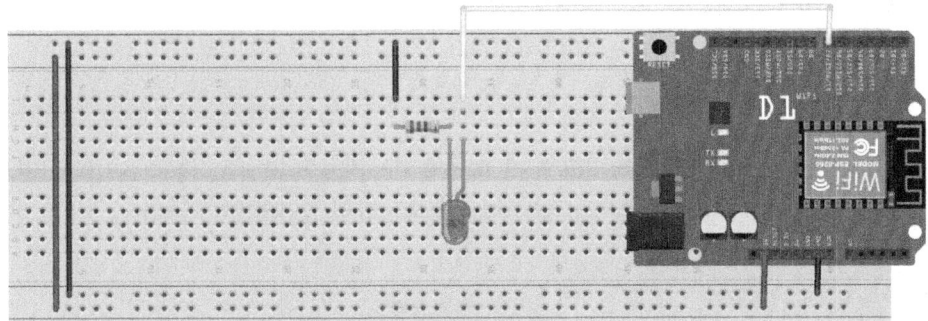

fritzing

El led va conectado en serie con una resistencia de 220 Ω para limitar la corriente que pasa por él.

Acceda a Tasmota y asocie el componente "LedLink_i" a dicho GPIO en la pantalla de configuración del módulo:

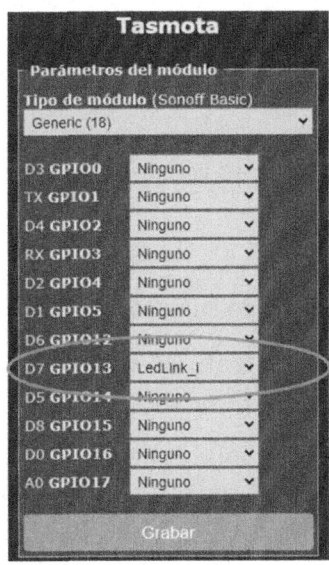

Tras pulsar el botón "Grabar" observará que el led parpadea brevemente para permanecer, finalmente, encendido una vez reiniciado el dispositivo.

Alimente el dispositivo con una batería y salga de casa con él. Cuando esté lo suficientemente alejado y pierda la cobertura de la red wifi, comprobará cómo se apaga.

3.2 RELÉS

Igual que sucedía con los leds, el menú desplegable asociado a un GPIO también ofrece diferentes variedades de relés, en concreto, "Relé", "Relé_i", "Rele_b" y "Relé_bi".

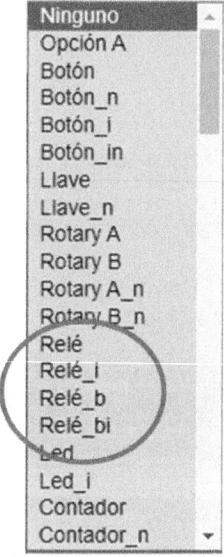

Su significado es el siguiente:

- **"Relé."** El relé está activado cuando su estado es ON. Es el más común.

- **"Relé_i."** Su comportamiento es el inverso al anterior, es decir, su estado es ON cuando se desactiva.

- **"Relé_b."** Es un relé biestable, es decir, aquel que tiene los dos estados estables. Su principal ventaja es que solo consume energía cuando cambia de estado, a diferencia de los normales, que requieren el paso constante de corriente por el electroimán mientras están activos. Una ventaja adicional de este tipo de relés es que los fallos de alimentación no modifican el estado en el que se encuentran.

- **Rele_bi.** Su comportamiento es el inverso al anterior.

Suele ser habitual la existencia de un led que indique el estado de aquello que se controla con un relé (encendido o apagado). Por este motivo, Tasmota ofrece un mecanismo que permite relacionar ambos componentes entre sí de una forma sencilla e intuitiva.

Con el fin de entender este comportamiento, se utilizará un circuito con un relé conectado al GPIO13/D7 y un led al GPIO12/D6.

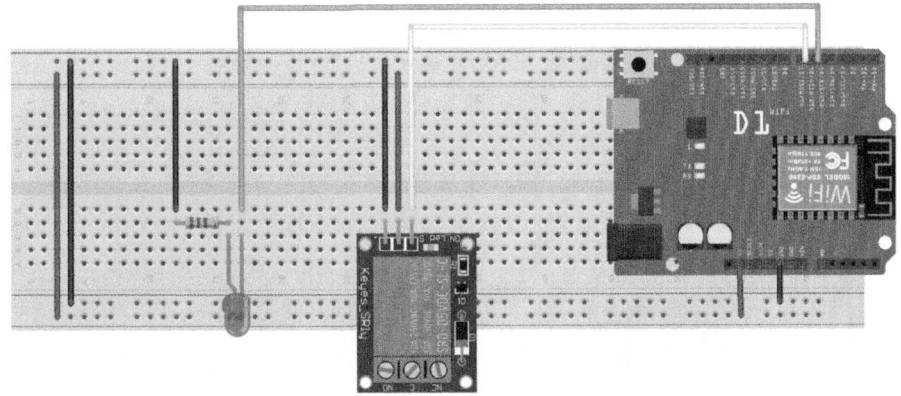

fritzing

Acceda a Tasmota y asocie cada uno al GPIO correspondiente.

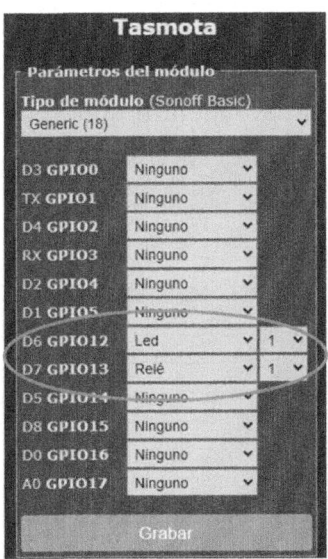

Si es observador, se habrá dado cuenta de que al lado de estos dos campos aparece un número. Se trata del identificador que distingue un componente de otros del mismo tipo. Se utiliza tanto en la ejecución de comandos como en reglas (los estudiará en los próximos capítulos), aunque también permite asociar un led y un relé con el fin de que el primero refleje el estado del segundo.

Para validar esta afirmación, tras pulsar el botón "Grabar" y esperar a que se reinicie el dispositivo, pulse el botón "Alternar ON/OFF" del menú principal. Además de escuchar el característico clic del relé, comprobará que el led se enciende/apaga de forma sincronizada.

Este otro circuito servirá para demostrar que puede haber más de una asociación entre leds y relés. Advierta que se ha conectado un segundo relé al GPIO14/D5 y un led adicional al GPIO2/D4.

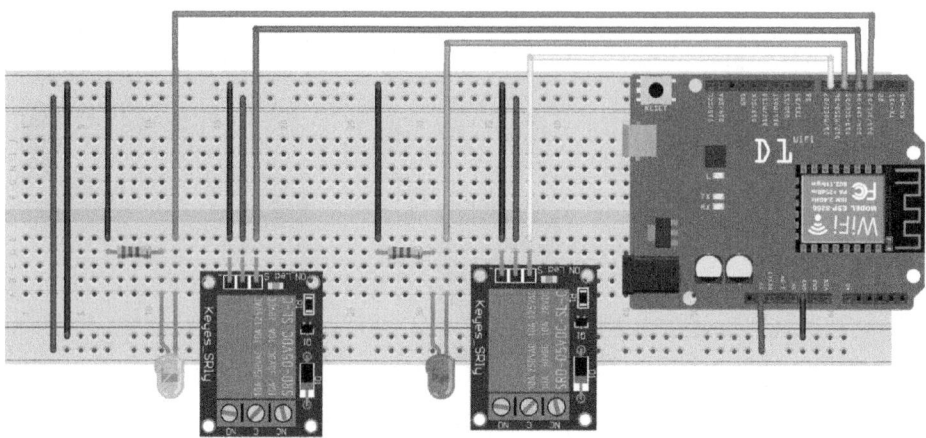

Incluya ambos componentes en la configuración de Tasmota teniendo cuidado de asignarles un nuevo identificador (en este caso, el 2).

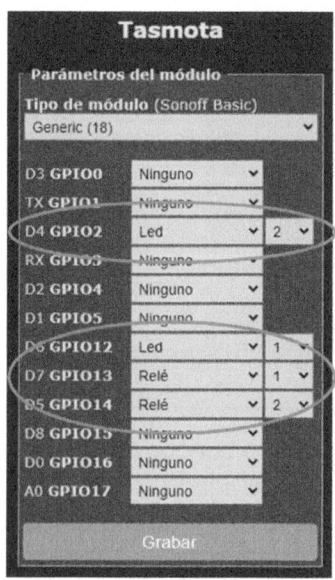

Si el estado encendido/apagado del LED no coincidiera con el deseado, use "Led_i" en vez de "Led".

Ahora, en el menú principal aparecerán los dos botones con los que se controlan ambos relés.

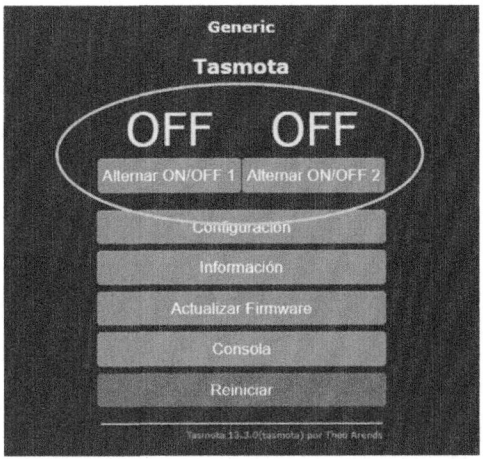

Cada vez que pulse uno u otro botón oirá el clic del relé correspondiente, cuyo estado quedará reflejado en el encendido/apagado del led que comparte su mismo identificador.

3.3 INTERRUPTORES Y PULSADORES

Al igual que los leds, los interruptores y los pulsadores son componentes de uso frecuente en los dispositivos domóticos. Por ese motivo, Tasmota no solo es capaz de reconocerlos, sino de distinguir diversas formas de usarlos.

La diferencia entre un pulsador y un interruptor es que, mientras que el primero solo cierra el circuito cuando se mantiene presionado, el segundo lo cierra o lo abre de forma permanente según se accione en una u otra posición. Veamos en detalle cómo Tasmota identifica cada uno de ellos empezando por los interruptores.

La documentación referente a los interruptores y pulsadores se encuentra en https://tasmota.github.io/docs/Buttons-and-Switches/.

Las siguientes opciones permiten asociar un interruptor a un GPIO:

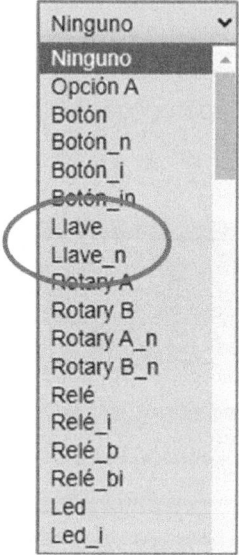

El primero ("Llave") es el habitual, mientras que el segundo ("Llave_n") se comporta de forma inversa, es decir, abre el circuito cuando lo debería cerrar y viceversa. Naturalmente, físicamente se trata del mismo interruptor. La diferencia es la lógica con la que Tasmota interpreta si el interruptor está abierto o cerrado.

Para comprobar el funcionamiento de un interruptor, construya un circuito en el que haya uno de ellos conectado al GPIO12/D6 y un led al GPIO13/D7.

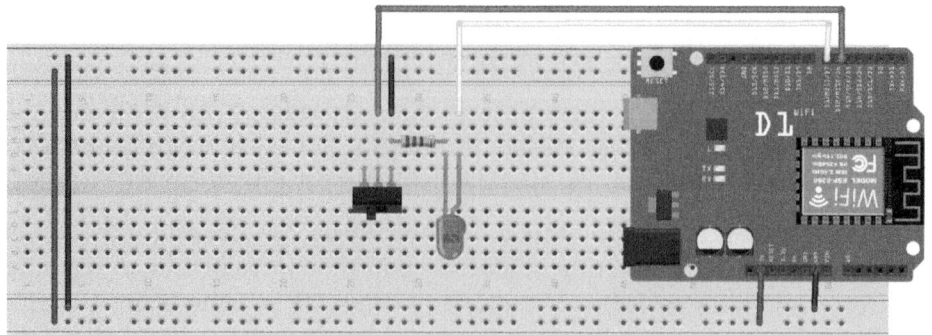

i Siendo estrictos, la imagen anterior muestra un conmutador, ya que si se introdujera una corriente por el terminal central podría sacarse por el derecho o el izquierdo.

Luego, configure Tasmota para que reconozca estos componentes en los GPIO correspondientes.

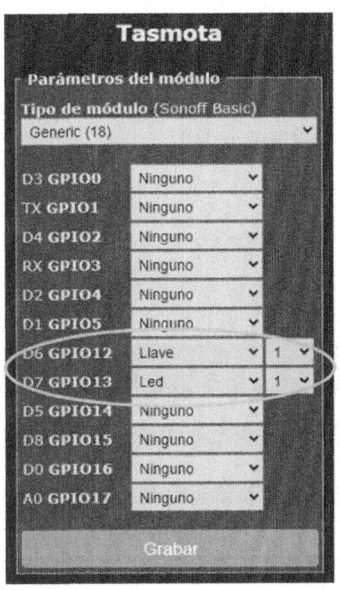

Tras pulsar el botón "Grabar" y esperar a que se reinicie el dispositivo, deslice el interruptor hacia la derecha. Al poner en contacto el GPIO12/D6 con GND se encenderá la luz. Para apagarla, deslícelo de nuevo a la izquierda. Eso es así porque, al igual que sucedía con los relés, Tasmota vincula automáticamente los leds a los interruptores que tengan el mismo identificador.

Aunque el comportamiento habitual de un interruptor es el descrito hasta ahora, Tasmota permite usarlo de ¡16 modos diferentes! Solo tiene que ejecutar el siguiente comando:

```
Switchmode modo
```

El modo es un número entre 0 (valor por defecto) y 16. Si quiere conocer el comportamiento del interruptor en cada uno de estos modos, le animo a que consulte la documentación en la URL indicada anteriormente. En ella encontrará que en el modo por defecto, cada vez que se abre o se cierra el interruptor se produce un cambio de estado, en este caso, en el led que tiene asociado (si el led estuviera encendido se apagaría y viceversa).

Si tuviera varios interruptores el comando sería:

```
Switchmode<id> modo
```

donde `<id>` sería el identificador del interruptor (el asignado en la pantalla de configuración del módulo).

A modo de ejemplo, ejecute este comando en la consola:

```
Switchmode 5
```

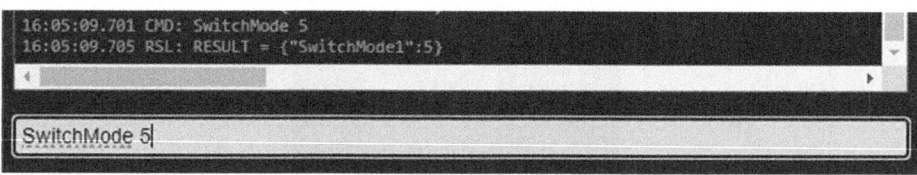

Luego, accione el interruptor con el led apagado. Si antes esta acción provocaba el encendido del led, ahora no surtirá ningún efecto. Devuelva el interruptor a su posición inicial. En ese instante el led se encenderá. Repita la operativa de nuevo. Primero no pasará nada, pero al devolverlo a la posición original el led se apagará. Es decir, ahora el interruptor cambia el estado del led (lo enciende si está apagado y viceversa) solo cuando se acciona en un sentido y después en el otro.

Una vez que ya sabe utilizar los interruptores, pasemos a estudiar el comportamiento de los pulsadores. No es tan fácil como parece.

Sustituya el interruptor del circuito anterior por un pulsador como el mostrado a continuación:

Tal como puede ver en esta otra imagen, aunque disponen de cuatro pines, en realidad se trata de un único pulsador en el que uno de los extremos sería el 1 o el 3 (ambos están conectados) y el otro el 2 o el 4 (también están conectados entre sí).

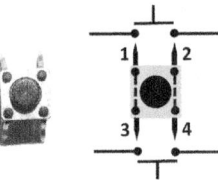

El circuito quedaría así:

Ya solo faltaría asociar en Tasmota el pulsador al GPIO12/D6. Sin embargo, no aparece uno, sino cuatro tipos de pulsadores: "Botón", "Botón_n", "Botón_i" y Botón_in."

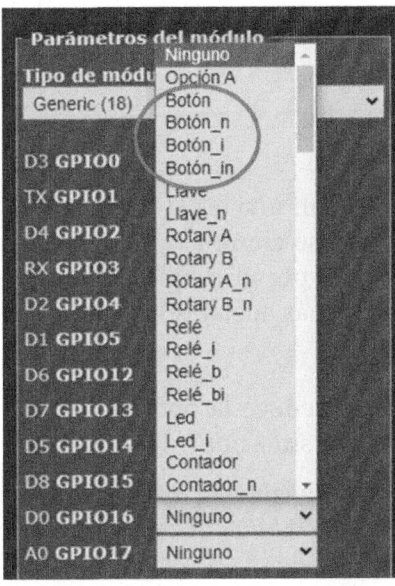

En realidad, se trata de dos tipos de pulsadores, conocidos como *push-to-make* (normalmente abierto) y *push-to-break* (normalmente cerrado). El primero es el más común, ya que cierra el circuito al pulsarlo (pone en contacto sus dos extremos). El otro hace lo contrario, abre el circuito cuando se presiona.

Hecha esta primera distinción, la opción que tendrá que seleccionar en el menú desplegable anterior dependerá de la posición que ocupe en el circuito. Para poder explicarlo, empecemos suponiendo que el pulsador es de tipo *push-to-make*.

Si uno de sus extremos se conectara a GND y el otro al GPIO, este tendría un nivel alto hasta que se pulsara. Por el contrario, si uno de los extremos se conectara a VCC y el otro al GPIO, estaría a un nivel bajo hasta que se pulsara.

La siguiente imagen muestra gráficamente los circuitos en los que se puede utilizar un pulsador de tipo *push-to-make* y el tipo de botón al que correspondería en Tasmota:

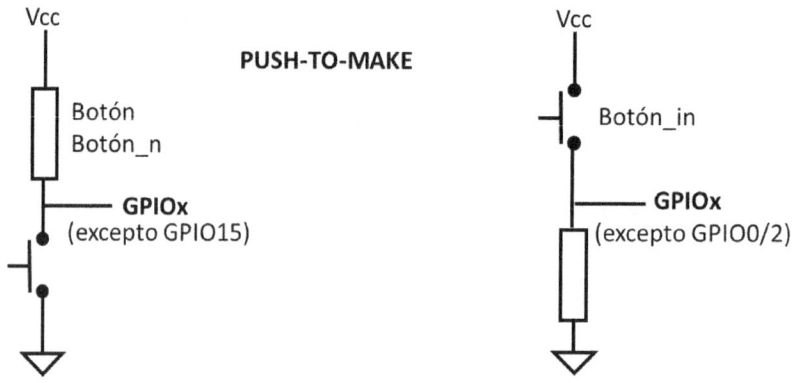

Siempre se tiene que incluir una resistencia para evitar que se produzca un cortocircuito cuando se cierre el circuito. Podrá ser una externa o la ofrecida internamente por el propio dispositivo (solo si es *pull-up*, concepto que se explica más adelante).

De la imagen anterior se deduce la opción del menú desplegable que se debería seleccionar en cada situación:

- **"Botón."** El pulsador se conecta a GND y la resistencia es la ofrecida internamente por el WEMOS. A este tipo de resistencia se la conoce con el nombre de *pull-up*.

- **"Botón_n".** El pulsador se conecta a GND y la resistencia se conecta externamente.

- **"Botón_in".** El pulsador se conecta a VCC (3.3 voltios) y la resistencia se conecta externamente.

Una resistencia de *pull-up* no es un tipo de resistencia especial. Su nombre hace referencia a su disposición en el circuito, ya que uno de sus extremos está necesariamente conectado a VCC y el otro al GPIO que mantiene en un nivel alto. Si fuera de *pull-down*, iría conectada a GND y el GPIO estaría en un nivel bajo. Un WEMOS podría llegar a ofrecer una resistencia *pull-up* interna (no habría que conectarla externamente), nunca *pull-down*.

A continuación se muestran los circuitos en los que se puede utilizar un pulsador de tipo *push-to-break* y el tipo de botón al que correspondería en Tasmota.

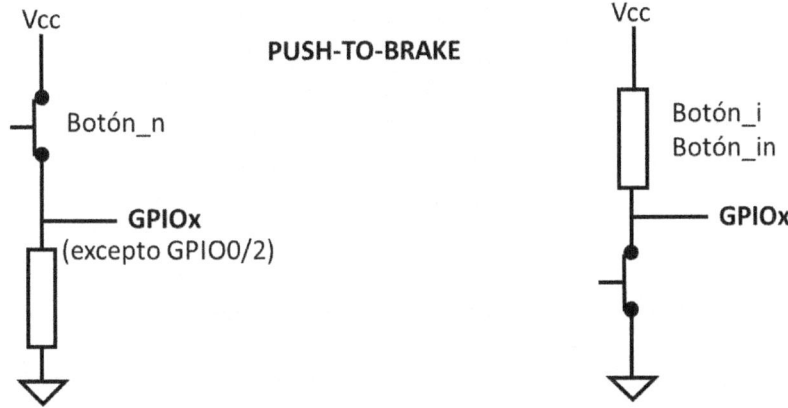

Observe que el pulsador mantiene conectados ambos extremos del circuito hasta que se presiona.

En este nuevo contexto, la opción del menú desplegable que debería seleccionarse es:

- **"Botón_n".** El pulsador se conecta a VCC y la resistencia se conecta externamente.

- **"Botón_i".** El pulsador se conecta a GND y la resistencia es la de *pull-up* ofrecida internamente por el WEMOS.

- **"Botón_in".** El pulsador se conecta a GND y la resistencia se conecta externamente.

En el circuito utilizado de ejemplo el pulsador es de tipo *push-to-make* (el habitual), uno de sus extremos está conectado a GND y se utiliza la resistencia de *push-up* interna del WEMOS. En consecuencia, la opción aplicable a este caso sería "Botón".

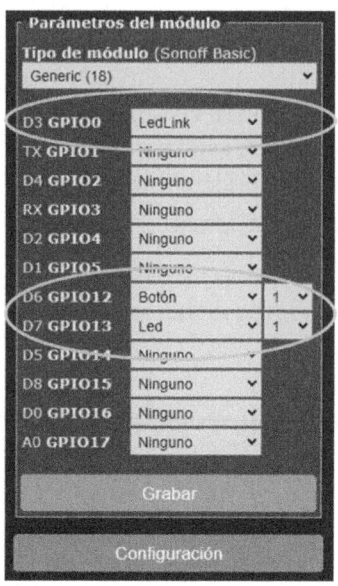

Asigne "LedLink" a un GPIO no utilizado para evitar un efecto de parpadeo durante el encendido del led.

Haga clic en el botón "Grabar" y espere a que se reinicie el dispositivo. A partir de ahora, cada vez que presione el pulsador el led cambiará de estado (se encenderá si estaba apagado y viceversa).

Cuando configura un GPIO de tipo botón (pulsador) el comando `SwitchMode` no tiene ningún efecto, ya que solo actúa sobre los de tipo llave (interruptor). Lo que sí puede hacer es conectar un pulsador a un GPIO de tipo "Llave" y configurar su comportamiento como lo haría con un interruptor mediante el citado comando.

Unidad 4
RECOGIDA DE DATOS DE SENSORES

En este capítulo aprenderá a recoger la información obtenida tanto por los sensores analógicos como los digitales. Los primeros irán conectados a un pin analógico, al que tendrá que asociar la opción "ADC Entrada" en la pantalla de configuración del módulo.

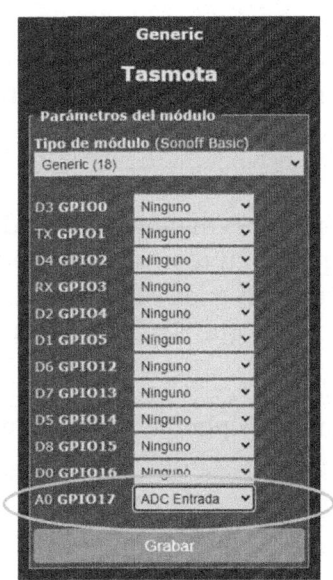

El acrónimo ADC proviene de *Analog-to-digital Converter* (Conversor Analógico Digital)

Aunque siempre se puede elegir una opción genérica, existen otras más específicas. Por ejemplo, las que permiten saber el nivel de luz a partir de circuitos en los que se utilizan resistencias LDR (*Light-dependent Resistor*), que disminuyen su valor cuando aumenta el nivel de luz; o la temperatura mediante resistencias NTC (*Negative Temperature Coefficient*) que disminuyen su valor cuando aumenta la temperatura. En ambos casos, su valor se calcula aplicando las fórmulas indicadas en la documentación de Tasmota. Fórmulas que, evidentemente, se ajustan al comportamiento físico de las resistencias empleadas.

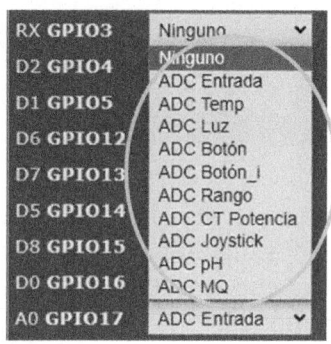

> ℹ️ Para más información sobre estas opciones visite la página https://tasmota.github.io/docs/ADC/.

Por su parte, los únicos sensores digitales que podrán conectarse a un dispositivo serán aquellos que estén representados por alguna de las opciones del menú desplegable asociadas a los GPIO digitales, ya que cada uno tiene un comportamiento específico que Tasmota deberá saber interpretar.

> ℹ️ Todos los sensores admitidos por Tasmota se encuentran en la página https://tasmota.github.io/docs/Supported-Peripherals/.

> ℹ️ No todas las versiones del firmware Tasmota admiten los mismos sensores. La que más tiene es "Tasmota Sensors". Los sensores soportados en cada *release* se pueden consultar en https://tasmota.github.io/docs/BUILDS/.

Una vez descrita la forma de configurar Tasmota para que reconozca un sensor analógico o digital, estará deseando poner en práctica estos nuevos conocimientos. En las siguientes secciones realizará dos ejercicios. En el primero será capaz de obtener el grado de humedad del suelo de un jardín o la tierra de una maceta. En el segundo podrá saber la temperatura, la humedad y el punto de rocío de una estancia.

4.1 LECTURA DE VALORES ANALÓGICOS

Tal como se acaba de indicar, en este primer ejercicio aprenderá a utilizar el único pin analógico del WEMOS D1 para determinar el nivel de humedad que tiene la tierra donde cultiva sus plantas favoritas. De esa forma, tendrá un modo objetivo de saber cuándo tiene que regarlas.

Podrá usar cualquier de los componentes que se venden específicamente para esta labor, uno de los cuales se muestra en la siguiente imagen:

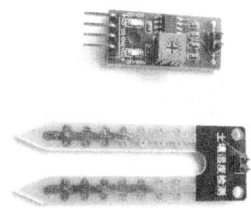

Su funcionamiento se basa en la resistencia eléctrica ofrecida por la tierra donde se pincha el sensor, que es menor cuanto más húmeda se encuentre. Devuelve un valor entre 1023 (se mantiene seco) y 0 (se sumerge en el agua). Aunque no tiene mucha precisión, es suficiente para decidir si ya es necesario regar las plantas.

El circuito no puede ser más sencillo, ya que solo tiene que alimentar el circuito electrónico del sensor y conectar el pin de datos al GPIO A0.

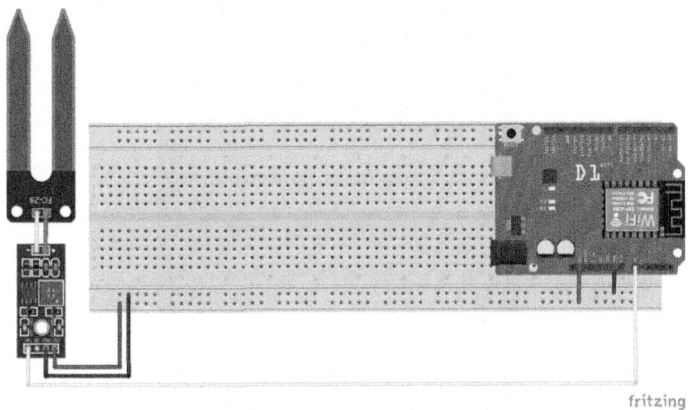

fritzing

Este tipo de sensores también tienen un pin digital (el que se queda sin conectar en la imagen anterior). Utilice el analógico, etiquetado habitualmente como A0.

Lo único que tiene que hacer en Tasmota es seleccionar la opción "ADC Entrada" en el pin A0.

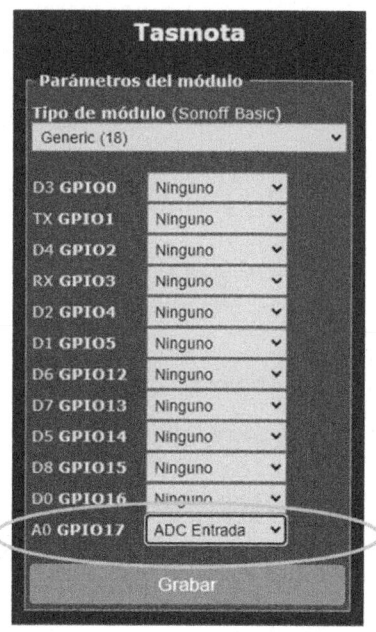

Una vez grabada esta configuración, podrá ver el valor detectado por el sensor en la pantalla del menú principal.

Con esta información, solo queda decidir el valor inferior a partir del que quiere regar las plantas. De esta forma, ya no tendrá que volver a ensuciarse las manos para saber si la tierra está seca.

4.2 LECTURA DE VALORES DIGITALES

En esta segunda práctica utilizará un sensor que le resultará familiar, el DHT11 (muy usado en Arduino). El mostrado a continuación dispone de cuatro pines.

En el siguiente circuito, el pin de datos se conecta al GPIO13/D4, además de a una resistencia de *pull-up* de 10 KΩ, tal como se recomienda en su documentación.

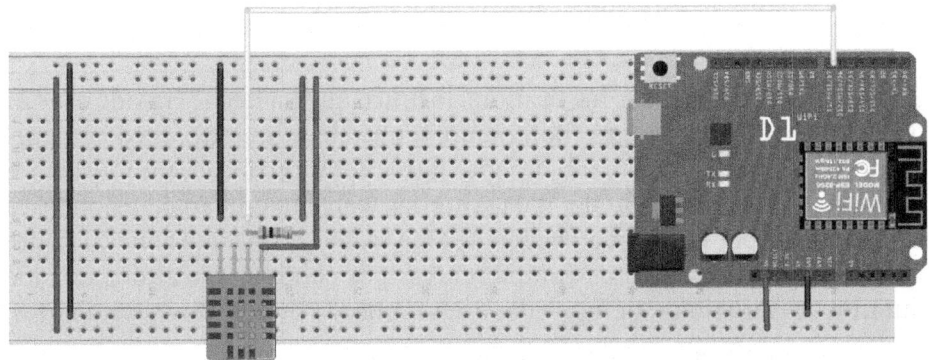

fritzing

Si el suyo solo tuviera tres pines el circuito sería el mismo, pero sin la resistencia de *pull-up* (suele venir incorporada en la placa sobre la que se monta el sensor).

Asocie en Tasmota el sensor DHT11 al GPIO13/D7 y pulse el botón "Grabar".

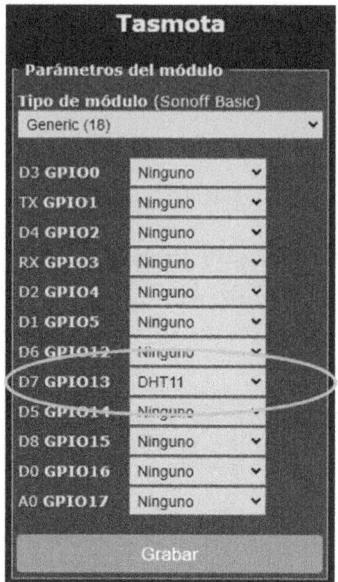

Una vez reiniciado el WEMOS, en la pantalla del menú principal verá reflejada la temperatura, la humedad y el punto de rocío en todo momento.

 La temperatura de rocío es aquella en la que la humedad alcanzaría el 100 % y parte de esta empezaría a condensarse.

En las prácticas realizadas hasta ahora, lo único que ha hecho ha sido asociar un GPIO a un componente (por ejemplo, un relé o un led), cuyo comportamiento ha controlado manualmente desde un interruptor, un pulsador o los botones "Alternar ON/OFF" de la interfaz web. Sin embargo, la domótica se caracteriza por la automatización de actividades en las que generalmente intervienen varios de estos componentes (por ejemplo, encender una luz durante un periodo de tiempo cuando un sensor PIR detecta movimiento).

Para conseguir estos objetivos (integración y automatización) Tasmota ofrece dos elementos clave: los comandos y las reglas. Empecemos estudiando el primero de ellos.

Unidad 5
COMANDOS

Un comando es una orden o una instrucción que provoca la ejecución de una acción. Los comandos se pueden ejecutar:

- **De forma manual.** En la consola, mediante mensajes MQTT o peticiones HTTP

- **De forma automática.** Mediante reglas, mensajes MQTT o peticiones HTTP

Este capítulo se centrará en el uso de la consola, aunque también aprenderá a ejecutar comandos mediante HTTP. Por sus peculiares características y su especial importancia, se dedicará un capítulo específico tanto al estudio del protocolo MQTT como al de las reglas.

Un comando se compone de un nombre y una serie de parámetros separados por espacios:

```
comando parámetro parámetro … parámetro
```

Si no tuviera ningún parámetro, el comando devolvería el valor actual del estado que hubiera alterado si el comando hubiera llevado parámetros.

Por ejemplo, el siguiente comando devolvería el estado de un led (se supone que solo hay uno), es decir, si está encendido o apagado:

```
LedPower
```

El valor 1 de un parámetro es equivalente a ON o True, mientras que el 0 sería similar a OFF o False. Por ejemplo, el siguiente comando encendería un led (de nuevo, se supone que solo hay uno):

```
LedPower ON
```

Un comando puede ir seguido por el identificador (<i>) del dispositivo al que afecta. La forma de expresarlo sería:

```
comando<i> parámetros
```

Por ejemplo, este comando sería análogo al anterior si solo hubiera un led o su identificador fuera el 1:

```
LedPower1 ON
```

Cuando quiera ejecutar varios comandos de forma secuencial, use uno muy especial:

```
Backlog comando parámetros; comando parámetros; …
```

Por ejemplo, el siguiente comando activaría un relé cuyo identificador fuera 1 y encendería un led con el mismo identificador:

```
Backlog Power1 ON; LedPower1 ON
```

Como puede observar, en este caso los comandos se separan mediante un punto y coma (';'), no con espacios, como sucede con los parámetros.

En los nombres de los comandos o los parámetros no se distingue entre las mayúsculas y minúsculas.

Sería casi imposible tratar de explicar todos los comandos y sus parámetros. Por ese motivo, en este capítulo se enseñará cómo ejecutarlos e interpretar su respuesta utilizando como ejemplo el que controla el comportamiento de un led (LedPower).

Todos los comandos de Tasmota se encuentran en https://tasmota.github.io/docs/Commands/.

Con el fin de practicar con este comando, construya un circuito formado por dos leds conectadas al GPIO 12/D6 y al GPIO13/D7 con sus correspondientes resistencias de 220 Ω.

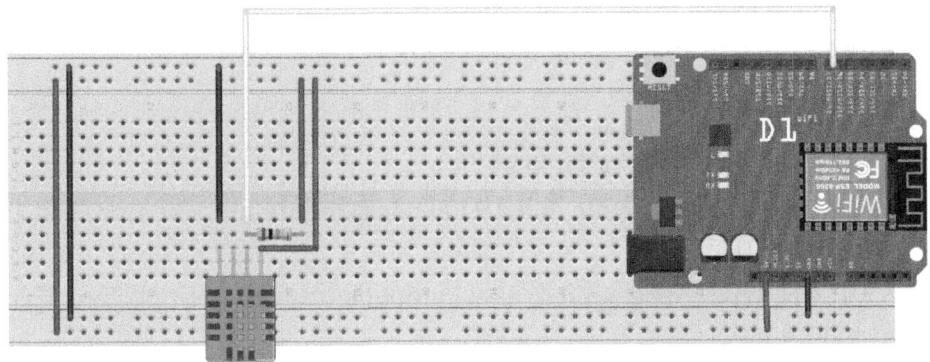

fritzing

A continuación, asócielos en Tasmota a dichos GPIO (no se le olvide asignarles un identificador diferente a cada uno de ellos):

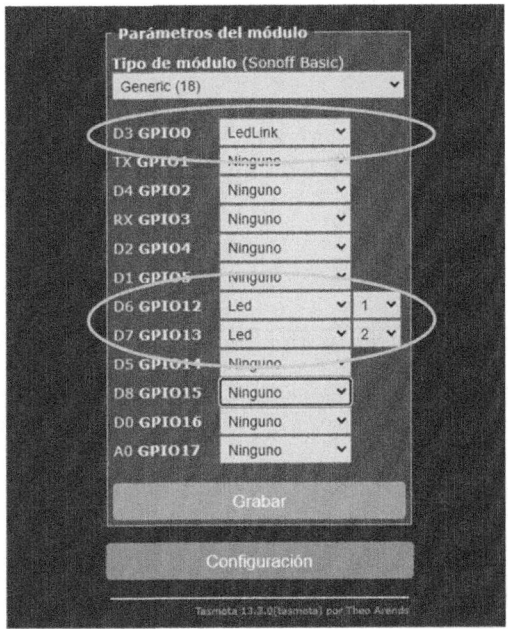

También se ha asignado el valor "LedLink" a un GPIO libre. Es imprescindible para que el comando LedPower tenga efecto.

Tras pulsar el botón "Grabar" (el dispositivo se reinicia), estará en condiciones de encender o apagar cualquiera de los dos leds con el comando:

```
LedPower<i> acción
```

El valor del parámetro *acción* puede ser:

- **0**, **OFF**, **true**. Enciende el led. Si el componente fuera de tipo "Led_i" lo apagaría.

- **1**, **ON**, **true**. Apaga el led. Si el componente fuera de tipo "Led_i" lo encendería.

- **2**. Si está apagado lo enciende y viceversa.

Si hubiera más de un led, el nombre del comando deberá contener el identificador de aquel sobre el que actúe. Por lo tanto, el comando utilizado para controlar el led1 sería LedPower1, mientras que el del led2 sería LedPower2.

Para demostrarlo, acceda a la consola y ejecute el comando:

```
LedPower1 ON
```

Este comando es equivalente a cualquiera de estos otros dos:
```
LedPower1 1
LedPower1 True
```

En la consola verá que aparecen dos líneas de texto:

```
16:34:08.766 CMD: ledPower1 on
16:34:08.770 RSL: RESULT = {"LedPower1":"ON"}
```

La primera línea sigue la sintaxis:

```
hora CMD: comando
```

donde después de la hora se encuentra la palabra clave CMD seguida del comando ejecutado.

La sintaxis de la segunda línea es esta otra:

```
hora RSL: RESULT = resultado
```

En este caso, después de la hora hay otra palabra clave (RSL) seguida del resultado obtenido. Se trata de un objeto JSON *(JavaScript Object Notation)* formado por un par *clave:valor*, cuya clave es el nombre del comando ("LedPower1") y su valor el estado del led una vez ejecutado ("ON"):

```
{"LedPower1":"ON"}
```

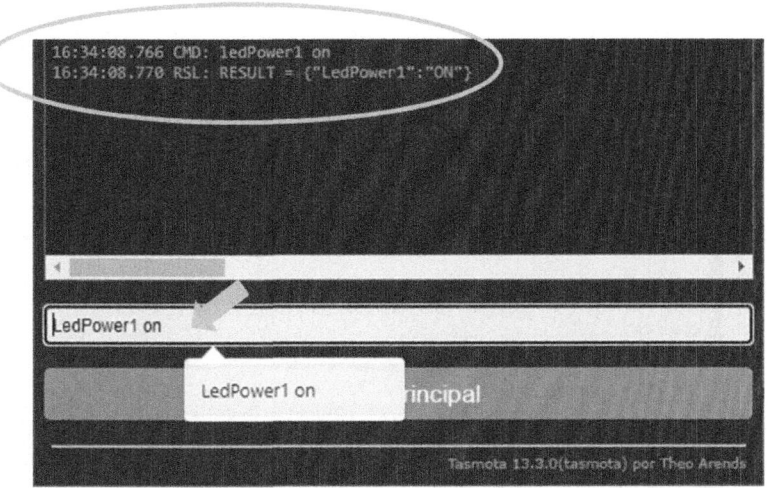

> ℹ Aunque no sea el propósito de esta obra describir este formato de datos, al menos debe saber que un objeto JSON está formado por un conjunto de pares *clave:valor* separados por comas y encerrados entre llaves. Los valores podrán ser primitivos (números, textos o booleanos), listas u otros objetos JSON.
>
> ```
> {clave: valor, clave: valor, …}
> ```

Para hacer lo mismo con el otro led, ejecute este segundo comando:

```
LedPower2 ON
```

> ℹ Si quisiera repetir un comando o escribir otro parecido, solo tiene que usar las teclas de cursor ↑ y ↓. Naturalmente, siempre podrá copiar y pegar cualquier texto en este campo.

El resultado devuelto informa que el segundo led también se ha quedado encendido:

```
{"LedPower2":"ON"}
```

Para apagar los dos leds a la vez, ejecute este otro comando:

```
Backlog LedPower1 OFF; LedPower2 OFF
```

Como en esta ocasión se han ejecutado dos comandos, la respuesta está formada por dos líneas, una por cada uno de ellos. En la primera se indica que el led1 se ha quedado apagado y en la segunda que el led2 también se ha quedado apagado:

```
{"LedPower1":"OFF"}
{"LedPower2":"OFF"}
```

Si lo recuerda, al principio de este capítulo se dijo que los comandos no solo se podían ejecutar en la consola, sino además a través de mensajes MQTT y peticiones HTTP. El uso de MQTT requiere de unos conocimientos básicos que todavía no tiene. En cambio, con HTTP solo necesita saber el formato de la URL utilizada:

http://*direcciónIP*/cm?cmnd= *parámetro%20parámetro%20parámetro...*

En las URL no puede haber espacios, carácter empleado para separar los parámetros de un comando, de ahí que deban sustituirse por su código ASCII hexadecimal (el 20) precedido por un %.

Lo mismo sucede con el punto y coma, que separa los comandos ejecutados secuencialmente con Backlog, cuyo código ASCII hexadecimal es 3B:

```
http://direcciónIP/cm?cmnd=
    Backlog comando%20 parámetro%20parámetro...%3B
            comando%20parámetro%20parámetro ...%3B
        ...
```

> **i** ASCII (*American Standard Code for Information Interchange*, Código Estándar Americano para el Intercambio de Información) es un sistema de codificación estándar de caracteres.

Por ejemplo, para encender el led1 solo tendría que escribir esta URL en la barra de direcciones de su navegador:

```
http://192.168.1.100/cm?cmnd= LedPower1%20ON
```

El contenido de la página HTML devuelta como respuesta es idéntico al que aparecía en la consola.

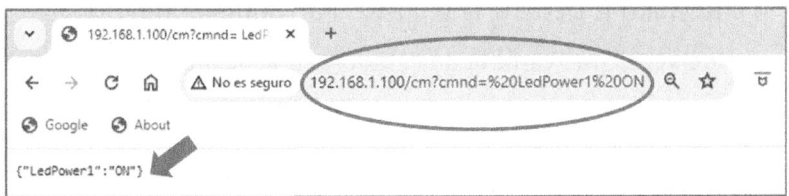

> **i** Se supone que la dirección IP de Tasmota es 192.168.1.100 y que el navegador está en la misma red wifi.

Para apagar el led solo tendría que ejecutar este otro comando:

```
http://192.168.1.100/cm?cmnd= LedPower1%20OFF
```

De nuevo, se obtiene un resultado semejante al de la consola de Tasmota.

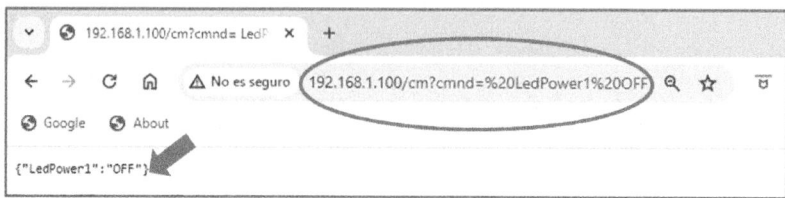

Repita la operación con el led2 y compruebe lo sencillo que resulta controlar su comportamiento de esta forma.

Junto con los leds, los relés son la parte fundamental de cualquier sistema domótico. Por dicho motivo, esta sección se quedaría incompleta si no se describiera el comando que permite activarlos o desactivarlos. A partir de ahora, desde la consola podrá hacer lo que antes solo era posible con el botón "Alternar ON/OFF" del menú principal.

La sintaxis de este comando es la siguiente:

```
Power acción
```

El parámetro *acción* podrá ser cualquiera de los siguientes números:

- **0**, **OFF** o **False**. Desactiva el relé.
- **1**, **ON** o **True**. Activa el relé.
- **2** o **Toggle**. Si está desactivado lo activa y viceversa.
- **3** o **Blink**. El relé cambia de estado un determinado número de veces a intervalos de tiempo regulares.
- **4** o **Blinkoff**. Detiene la secuencia de cambios anterior.

El número de veces que cambia de estado el relé se ajusta con el comando:

```
BlinkCount parpadeos
```

El número de parpadeos podrá variar en el rango 1..3200. Por defecto, tiene el valor 10 (equivalente a un segundo).

El tiempo entre los parpadeos se controla con este otro comando:

```
BlinkTime duración
```

La duración puede ser cualquier número en el rango 2..3600 a incrementos de 0,1 segundos. Por defecto, tiene el valor 10.

Le animo a montar un circuito con uno relé, configurarlo en Tasmota y probar los efectos de cada uno de estos parámetros.

Unidad 6
REGLAS

Hasta ahora, el control del dispositivo lo ha realizado usted mismo de forma manual, bien con las facilidades que le proporcionaba la propia interfaz web de Tasmota (como el botón "Alternar ON/OFF") o mediante la ejecución de comandos en la consola. Pero seguramente quiera que su dispositivo se comporte de forma automática (por ejemplo, cortando el agua cuando se detecte un escape de agua o encendiendo la luz cuando se haga de noche). En ese caso, deberá hacer uso de reglas.

Una regla está compuesta por un evento que hace de disparador (por ejemplo, se pulsa un botón, se detecta movimiento, finaliza un temporizador, etc.) que desencadena la ejecución de un comando. Su sintaxis es la siguiente:

```
ON disparador DO comando ENDON
```

Si en vez de un comando quisiera ejecutar varios de forma secuencial, deberá hacer uso de Backlog:

```
ON disparador DO Backlog commando; command; … ENDON
```

Las reglas se agrupan en conjuntos. Se pueden definir hasta tres conjuntos de reglas (Rule1, Rule2 y Rule3), que podrán ser activados o desactivados de forma independiente. El número de reglas que puede haber en cada uno de ellos depende del número de caracteres utilizados para escribirlas hasta un máximo de 1000.

Para añadir una o varias reglas a un conjunto se emplean los comandos:

```
Rule1 regla regla …
Rule2 regla regla …
Rule3 regla regla …
```

Como puede observar, los parámetros de estos comandos son las reglas separadas por espacios.

Si todas las reglas estuvieran en un solo conjunto de reglas, podría usar el comando:

```
Rule regla regla …
```

Para que las reglas puedan llegar a dispararse deberá activarse el conjunto en el que se encuentran. A tal efecto, se utilizan de nuevo los comandos Rule1, Rule2 y Rule3, pero con el parámetro ON. Por ejemplo, el comando que activaría el primer conjunto de reglas sería:

```
Rule1 ON
```

Si en algún momento quisiera desactivarlo, solo tendría que sustituir el parámetro ON por OFF. De esta forma, el comando que desactivaría el conjunto de reglas anterior sería:

```
Rule1 OFF
```

Durante la fase de pruebas, seguramente tenga que modificar las reglas hasta dar con aquellas que cumplan con sus objetivos. Tasmota no permite corregir ni borrar una regla en concreto, por lo que cada vez que quiera hacer algún cambio en alguna de ellas deberá borrarlas todas y volver a añadirlas. Para ello, utilizará una vez más los comandos Rule1, Rule2 y Rule3, aunque en esta ocasión su parámetro serán las comillas dobles. Por ejemplo, el siguiente comando borraría el primer conjunto de reglas:

```
Rule1 "
```

Lo que sí permite Tasmota es añadir una regla a un conjunto existente, para lo cual se emplea el operador '+':

```
Rule1 + regla
```

Si en algún momento quisiera ver las reglas que hay dentro de un conjunto use los mismos comandos sin parámetros. Por ejemplo, este comando mostraría las reglas del primer conjunto:

```
Rule1
```

Para ver las reglas de los tres conjuntos ejecute este otro comando:

```
Rule0
```

Por último, cuando la declaración de una regla finaliza con BREAK (en vez de ENDON), su ejecución evitaría la del resto de reglas del mismo conjunto:

```
ON disparador DO comando BREAK
```

Toda la documentación acerca de las reglas la encontrará en https://tasmota.github.io/docs/Rules/.

6.1 DISPARADORES

Como sabe, un disparador es un evento que puede llegar a provocar la ejecución de una regla. Se produce un evento, por ejemplo, cuando se acciona un interruptor, cuando un sensor devuelve un valor o cuando el dispositivo acaba de arrancar o, simplemente, de conectarse a la red wifi, por citar solo algunos. En realidad, un evento representa un cambio de estado asociado a un componente físico (por ejemplo, el de un interruptor) o lógico (por ejemplo, el de la conexión a la red Wifi). En ambos casos, el componente se separa del cambio de estado mediante el carácter #. Dicho así, en abstracto, seguramente no termine de entenderlo, por lo que se hace necesario poner algunos ejemplos que lo aclaren:

`Button1#state` o `Switch1#state`. La regla se ejecutaría cuando se accionara el interruptor1 (en uno u otro sentido) o se presionara el pulsador1.

`WiFi#Connected` o `WiFi#Disconnected`. En este caso lo haría cuando el dispositivo se conectara o se desconectara de la red wifi.

`System#Boot`. La regla se dispararía cuando Tasmota acabara de reiniciarse.

`DHT11#Temperature`. La regla se activaría cada vez que se leyera la temperatura de este sensor (como pronto descubrirá, por defecto se hace cada cinco minutos).

En realidad, el carácter # separa los niveles de los mensajes JSON mostrados en la consola (los valores encerrados entre las llaves).

Sin embargo, hay ocasiones en las que no es suficiente que se produzca un cambio de estado (un evento) para que se ejecute una regla, sino cuando además se cumplan determinadas condiciones. A tal efecto,

Tasmota representa un estado con un valor numérico o textual. Por ejemplo, el correspondiente a un led encendido o un relé activado sería ON o 1, en el caso de una entrada analógica sería el último valor obtenido en el GPIO correspondiente (en el rango 1..1023), etc. Una vez expresado de esta forma, un estado podría formar parte de expresiones de comparación formadas con cualquiera de los operadores descritos a continuación.

Operadores de comparación numéricos:

- ==. El valor de los números que hay a izquierda y derecha son el mismo.

- !=. El valor de ambos números es diferente.

- <, <=, > y >=. El valor del número que hay a la izquierda es menor, menor o igual, mayor, mayor o igual que el de la derecha, respectivamente.

Operadores de comparación textuales:

- =. Los textos que hay a derecha e izquierda del operador son idénticos.

- $!. Los textos que hay a derecha e izquierda del operador son diferentes.

- $<. El texto de la izquierda empieza con el de la derecha.

- $>. El texto de la izquierda finaliza con el de la derecha.

- $|. El texto de la izquierda contiene el de la derecha.

- $^. El texto de la izquierda no contiene el de la derecha.

De nuevo, es necesario poner algunos ejemplos que aclaren el uso de estos operadores:

`Button1#state=3`. La regla se ejecutaría cuando se hubiera mantenido presionado el pulsador1 más de cinco segundos (el valor de una pulsación breve es 2).

`Analog#A0>100`. En este caso lo haría cuando el valor del pin analógico A0 fuera mayor que 100.

`Led1#state=0`. La regla se dispararía cuando se apagara el led1.

Los valores `ON` y `True` deberán sustituirse por 1 en las comparaciones. Por el mismo motivo, use el valor 0 en vez de `OFF` o `False`.

En los ejemplos anteriores, lo que se hace es comparar el valor del disparador (el del estado al que ha pasado el pulsador, el del led o el último valor recogido del pin A0) con el indicado en la expresión lógica. Pues bien, dicho valor podría llegar a utilizarse como parámetro de un comando, ya que se almacena en `%value%`.

Por ejemplo, la siguiente regla cambiaría el estado del led cuando se presionara brevemente el pulsador:

```
ON Button#State DO LedPower %value% ENDON
```

El motivo es porque cuando se produce ese evento, el disparador toma el valor 2 (se almacena en `%value%`), que usado como parámetro del comando `LedPower` cambiaría el estado del led.

Sin embargo, `%value%` solo puede utilizarse dentro de una misma regla. Si quisiera hacerlo en otras tendría que recurrir a las variables.

Como en cualquier lenguaje de programación, una variable es un espacio de memoria en el que se almacena un dato (en este caso el valor del disparador de una regla) al que podría accederse desde cualquier otra regla. Sin embargo, y a diferencia de los lenguajes de programación tradicionales, no se permite la creación de variables, sino el uso de cualquiera de las 32 disponibles:

- `Var1`, `Var2`, ..., `Var16`. Su valor desaparece una vez apagado el dispositivo.
- `Mem1`, `Mem2`, ..., `Mem16`. Su valor se almacena de forma persistente.

Las expresiones que almacenan un valor en una variable son:

```
Var<x> valor
Mem<x> valor
```

En un lenguaje tradicional la expresión sería:
```
variable = valor
```

Por ejemplo, la siguiente regla almacenaría el valor analógico del pin A0 en la variable Var1:

```
ON Analog#A0 DO Var1 %value% ENDON
```

6.2 PRÁCTICAS

Llegados a este punto, estará deseando poner en práctica los conocimientos teóricos recién adquiridos, ya sea porque le ronda en la cabeza una idea para terminar de aclarar estos conceptos, o porque todavía no encuentra la utilidad práctica de algunos de ellos. A tal efecto realizará una serie de ejercicios que, a pesar de su simplicidad, le resultarán muy útiles. El primero es de carácter genérico, ya que le enseñará a realizar acciones diferentes con un mismo pulsador dependiendo de cómo lo presione: de la forma habitual (pulsación breve), durante más de cinco segundos (pulsación larga) o dos veces seguidas (doble pulsación).

Los siguientes ejercicios darán como resultado sencillos sistemas domóticos que le permitirán automatizar ciertas tareas. Así, con el segundo será capaz de encender una luz durante un periodo de tiempo determinado cuando se active un sensor de movimiento. El tercero generará un sonido de alarma cuando se detecte una fuga de agua.

6.2.1 Realización de múltiples acciones con un solo botón

Tal como se ha venido repitiendo en múltiples ocasiones, los pulsadores son componentes básicos que no pueden faltar en ningún sistema domótico. Por una cuestión de economía, simplicidad o falta de espacio, muchos de ellos recurren a un mismo botón para realizar acciones diferentes, como encenderlo o apagarlo, conectarlo a una red wifi por WPS, etc.

Para demostrarle las facilidades ofrecidas por Tasmota a este respecto, utilizará un primer circuito con un pulsador conectado al GPIO13/D7 y un led al GPIO12/D6.

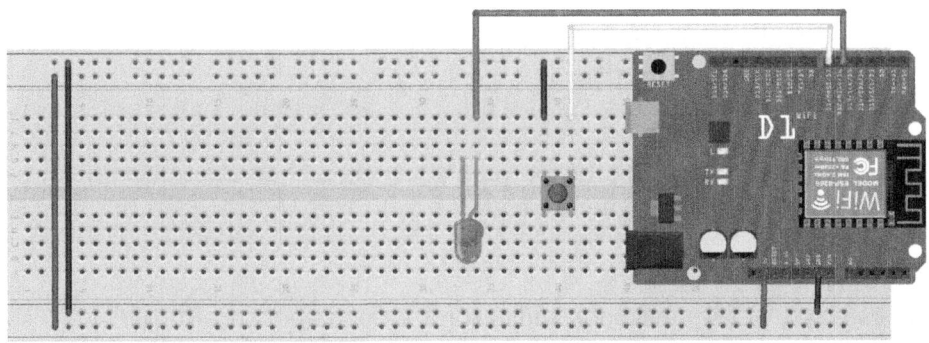

fritzing

Le resultará familiar, ya que es similar al empleado en un capítulo anterior donde se describió por primera vez el uso de los pulsadores. En concreto, le permitía encender o apagar un led presionando el pulsador. En esta ocasión hará lo mismo, pero con reglas. Dicho así pensará que no supone ninguna ventaja, sin embargo, sentará las bases para modificar el comportamiento del pulsador según la forma en que lo presione: brevemente (uso habitual), con una doble pulsación o con una pulsación larga. Pero vayamos paso a paso.

En primer lugar, configure Tasmota con el pulsador y el led en los GPIO correspondientes.

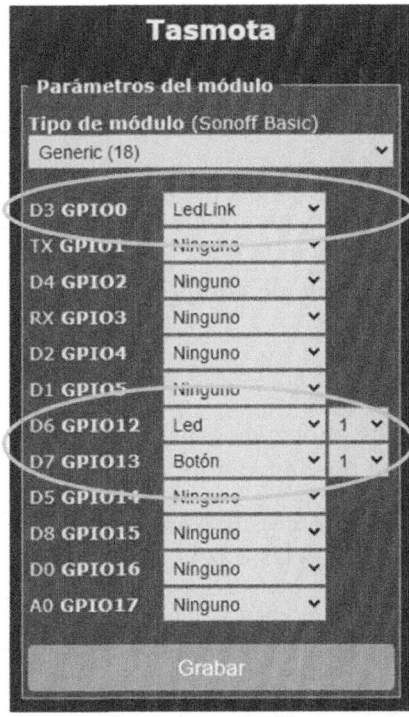

No se olvide de asociar un "LedLink" al GPIO00/D3 (o cualquier otro que no se vaya a utilizar).

Una vez grabada la configuración (el dispositivo se habrá reiniciado) vaya a la consola y escriba la siguiente regla:

```
Rule1 ON button1#state DO LedPower1 2 ENDON
```

En este caso la respuesta obtenida estará formada por tres líneas.

```
12:50:36.454 CMD: RULE1 ON button1#state DO LedPower1 2 ENDON
12:50:36.459 RUL: Stored uncompressed, would compress from 37 to 31 (-16%)
12:50:36.462 RSL: RESULT = {"Rule1":{"State":"OFF","Once":"OFF","StopOnError":"OFF","Length":
```

```
RULE1 ON button1#state DO LedPower1 2 ENDON
```

```
Menú Principal
```

Tasmota 13.3.0(tasmota) por Theo Arends

La primera tiene un formato conocido, ya que muestra el comando que se acaba de ejecutar:

```
12:50:36.454 CMD: RULE1 ON button1#state DO LedPower1 2 ENDON
```

En la segunda línea, después de la hora aparece la palabra clave RUL, abreviatura de RULES (reglas), lo que da idea de que la información que hay a continuación tiene que ver con la regla añadida a este primer conjunto. En concreto, indica el porcentaje de compresión conseguido al guardarla (un 16 %).

```
12:50:36.459 RUL: Stored uncompressed, would compress from 37 to 31 (-16%)
```

Se trata de un método de ahorro de espacio de memoria que incrementa el número de reglas que se pueden añadir.

La última línea es la más interesante, ya que devuelve el estado en el que se ha quedado el conjunto de reglas tras la ejecución del comando.

```
12:50:36.462 RSL: RESULT =  "Rule1":{"State":"OFF","Once":"OFF",
"StopOnError":"OFF", "Length":37,"Free":474, "Rules":"ON button1#state
DO LedPower1 2 ENDON"}}
```

Se trata de un objeto JSON (el contenido entre llaves) con un único par *clave:valor*.

```
{
  "Rule1": {
          ...
          }
}
```

La clave es `Rule1` (el nombre del primer conjunto de reglas) y el valor es otro objeto JSON (observe que va entre llaves) formado por varios pares *clave:valor*:

```
{
  "State": "OFF",
  "Once": "OFF",
  "StopOnError": "OFF",
  "Length": 37,
  "Free":474,
  "Rules":"ON button1#state DO LedPower1 2 ENDON"
}
```

De todos ellos, únicamente se describirá el significado del primero y del último:

- `"State":"OFF"`. El conjunto de reglas está desactivado.
- `"Rules":"ON button1#state DO LedPower1 2 ENDON"`. Lista de reglas del conjunto, en este momento solo la que se acaba de añadir.

Como acaba de ver, el conjunto de reglas está desactivado, por lo que tendrá que activarlo con el comando:

```
Rule1 ON
```

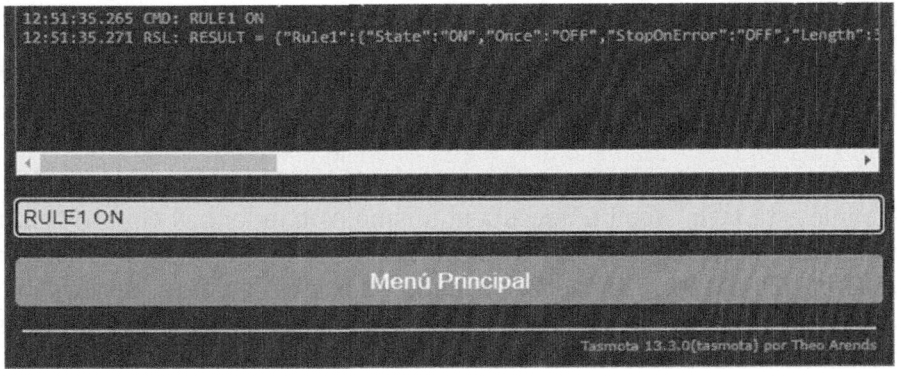

En este caso, la respuesta está formada solo por dos líneas: el comando ejecutado y el estado en el que se ha quedado el conjunto de reglas tras su ejecución:

```
12:51:35.265 CMD: RULE1 ON
12:51:35.271 RSL: RESULT = {"Rule1":{"State":"ON","Once":"OFF","
StopOnError":"OFF", "Length":37,"Free":474, "Rules":"
ON button1#state DO LedPower1 2 ENDON"}}
```

Advierta que ahora la clave State toma el valor "ON", lo que indica que Rule1 está activado:

```
"State":"ON"
```

Para comprobarlo, presione brevemente el pulsador. El led deberá encenderse. Al volver a pulsarlo se apagará.

En la imagen anterior se observa que por cada pulsación se generan dos líneas de texto:

```
16:28:52.539 RUL: BUTTON1#STATE performs "LedPower1 2"
16:28:52.543 RSL: RESULT = {"LedPower1":"ON"}
```

La primera indica que la regla cuyo disparador es BUTTON1#STATE ha ejecutado el comando "LedPower1 2". La segunda informa del estado en el que se ha quedado el led tras la ejecución de dicho comando (encendido).

Si volviera a presionar el pulsador vería otras dos nuevas líneas. La primera es idéntica, puesto que se ejecuta la misma regla. En cambio, la segunda es diferente porque ahora el led está apagado.

```
16:28:53.645 RSL: RESULT = {"LedPower1":"OFF"}
```

Aunque esta regla siempre ejecuta el mismo comando, hay circunstancias en las que podría ser necesario ejecutar otros diferentes según la manera en la que se haya presionado el pulsador, por ejemplo, durante más de 5 segundos (pulsación larga) o dos veces seguidas (doble pulsación). Si así fuera, tendría que recurrir al valor de evento generado en cada caso, que en una pulsación larga sería el 3 y en el de la doble pulsación el 11 (cuando se pulsa de la forma habitual es 2). Dicho valor podría usarse para realizar acciones diferentes en cada situación.

Para enseñarle cómo debe actuar en esta coyuntura, añada dos leds al circuito anterior, uno en el GPIO14/D5 y otro en el GPIO4/D2.

fritzing

En esta ocasión, será capaz de encender el led rojo con una pulsación breve (GPIO12/D6), el verde con una pulsación larga (GPIO14/D5) y el amarillo con una doble pulsación (GPIO4/D2).

En primer lugar, configure Tasmota para que reconozca los nuevos leds en sus correspondientes GPIO.

Tasmota

Parámetros del módulo

Tipo de módulo (Sonoff Basic)

Generic (18)			
D3 **GPIO0**	LedLink		
TX **GPIO1**	Ninguno		
D4 **GPIO2**	Ninguno		
RX **GPIO3**	Ninguno		
D2 **GPIO4**	Led		3
D1 **GPIO5**	Ninguno		
D6 **GPIO12**	Led		1
D7 **GPIO13**	Botón		1
D5 **GPIO14**	Led		2
D8 **GPIO15**	Ninguno		
D0 **GPIO16**	Ninguno		
A0 **GPIO17**	Ninguno		

Grabar

No se olvide de asociarle un identificador diferente a cada uno de ellos.

A continuación, borre el contenido del primer conjunto de reglas con el comando:

```
Rule1 "
Luego, añada las siguientes reglas:
Rule1 ON button1#state=2 DO LedPower1 2 ENDON
      ON button1#state=3 DO LedPower2 2 ENDON
      ON button1#state=11 DO LedPower3 2 ENDON
```

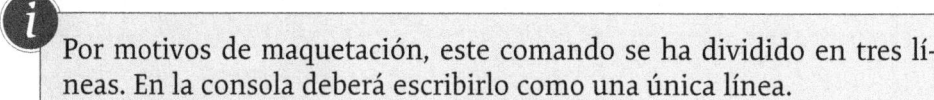

Por motivos de maquetación, este comando se ha dividido en tres líneas. En la consola deberá escribirlo como una única línea.

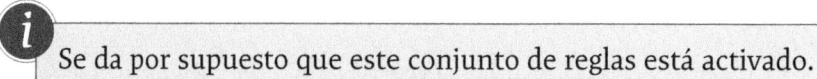

Se da por supuesto que este conjunto de reglas está activado.

La primera regla cambia el estado del led1 cuando se realiza una pulsación breve (lo enciende si está apagado y viceversa), mientras que la segunda y la tercera hacen lo mismo con el led2 y el led3 al realizar una pulsación larga o una doble pulsación, respectivamente. Es decir, con un mismo pulsador podrán controlarse los tres leds.

Para probarlo, presione brevemente el pulsador. El led rojo deberá encenderse. Ahora presiónelo durante más de 5 segundos, momento en el que el led verde también se encenderá. Por último, haga una pulsación doble. Esta vez será el led amarillo el que se encienda. Para apagarlos uno a uno, solo tendrá que volver a presionar el pulsador de la misma forma, en el orden que quiera. Según se trate de una pulsación corta, larga o doble, se irá apagando el led rojo, verde o amarillo, respectivamente.

Generalizando los resultados de esta práctica, es fácil llegar a la conclusión de que un mismo pulsador podría realizar varias acciones diferentes (tantas como comandos puedan ejecutarse), algo que habitualmente se realiza en muchos dispositivos domóticos.

6.2.2 Encendido temporizado de luces mediante control de presencia

En esta nueva práctica utilizará un sensor PIR *(Passive InfRared)* para encender la luz de una estancia (un pasillo, una escalera, etc.) durante un determinado periodo tiempo cuando detecte una presencia.

Un dispositivo PIR es aquel capaz de percibir cambios en la radiación infrarroja recibida. Todos los objetos emiten radiación infrarroja y, cuanto más calientes están, más radiación emiten. El dispositivo consta de una lente Fresnel que dirige esta radiación hacia dos sensores situados detrás de una ventana con dos ranuras rectangulares. Esta disposición hace que cualquier movimiento modifique la cantidad de radiación recibida por cada uno de ellos, lo que provocaría un cambio de estado a un nivel alto.

Se supone al lector familiarizado con este componente, por lo que no se entrará en detalles sobre su funcionamiento. Recuerde ajustar el tiempo entre las mediciones, su sensibilidad o si quiere que se dispare de forma única o repetida según sus preferencias.

La siguiente imagen muestra que el PIR está conectado al GPIO12/D6 del WEMOS y el relé encargado de encender la luz al GPIO13/D7.

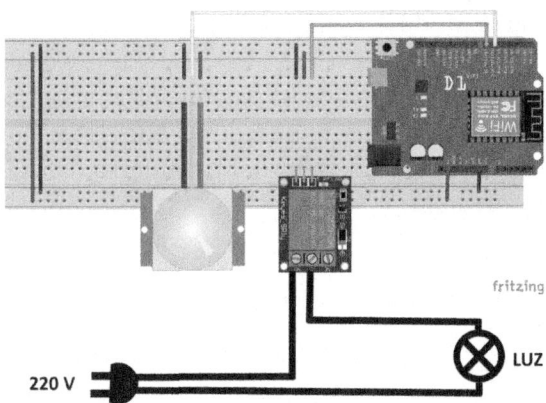

Una vez montado el circuito, configure Tasmota para que reconozca ambos componentes en sus correspondiente GPIO.

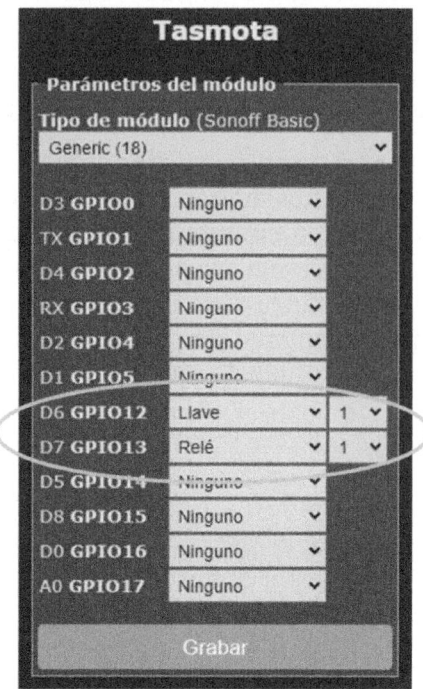

Que en el GPIO13/D7 se haya seleccionado un relé era predecible. Lo que requiere una explicación es por qué se ha seleccionado un interruptor (llave) en el GPIO12/D6 cuando lo que hay es un PIR. El motivo es porque el comportamiento de este dispositivo es similar al de un interruptor salvo que, en vez de accionarse con la mano, lo hace con el movimiento (en ese momento pasaría a un nivel alto).

Antes de añadir la regla que active el relé durante un periodo de tiempo, deberá conocer el comando con el que se establece:

```
Ruletimer<i> segundos
```

Tasmota permite crear hasta 8 temporizadores diferentes (identificador <i>) de hasta 65 535 segundos. Si el valor del parámetro fuera 0 se detendría y eliminaría el temporizador.

Por ejemplo, este comando crearía un temporizador de 5 segundos:

```
Ruletimer1 5
```

Una vez ejecutado el comando, el tiempo empezaría a correr. Cuando finalizara el temporizador se generaría el siguiente evento, cuyo valor es su identificador:

```
rules#timer
```

Por lo tanto, esta regla de ejemplo activaría un relé cuando venciera el temporizador creado anteriormente (su identificador era el 1):

```
ON rules#timer=1 DO Power1 1 ENDON
```

Ahora que sabe cómo se crea un temporizador y cuándo ha finalizado el periodo de tiempo especificado, ya está en condiciones de entender las dos reglas que controlarán el comportamiento del sistema:

```
Rule1 ON switch1#state=1 DO Backlog Power1 1; Ruletimer1 20 ENDON
      ON rules#timer=1 DO Power1 0 ENDON
```

La primera se ejecutará cuando el PIR detecte movimiento, es decir, cuando el estado del interruptor que lo representa pase a un nivel alto. En esas circunstancias se activaría el relé (se enciende la luz) con el comando `Power1` y se crearía un temporizador de 20 segundos con el comando `Ruletimer1`.

La segunda regla se disparará cuando venza dicho temporizador con el fin de apagar la luz (desactiva el relé).

6.2.3 Alarma de fuga de agua

En esta práctica volverá a usar el sensor de humedad empleado en un ejercicio anterior para saber si tenía que regar las plantas, aunque en este caso el propósito será descubrir si hay una fuga de agua. Por ese motivo, en vez de introducirlo en la tierra, deberá pegarlo en la pared o el suelo, al lado de las tuberías. Una vez detectada la más mínima humedad, el dispositivo generará un sonido de alarma que avise de la avería.

El circuito estará formado por un sensor de humedad conectado al GPIO A0 y un *buzzer* al GPIO13/D7.

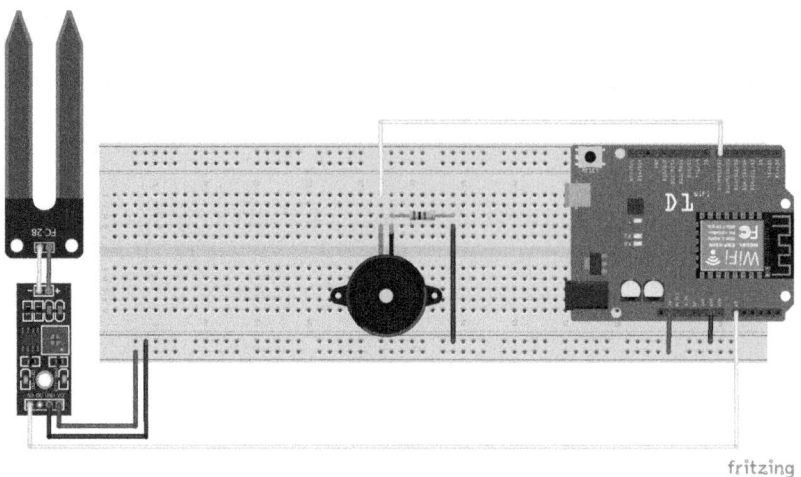

fritzing

> ℹ️ Por seguridad, el *buzzer* se ha puesto en serie con una resistencia de 100 Ω que limita la corriente que puede llegar a pasar por él.

Luego, asocie dichos componentes a los GPIO correspondientes para que Tasmota los reconozca.

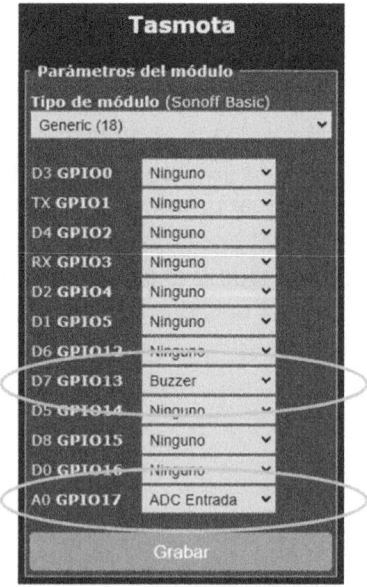

Una vez realizados los cambios, no se olvide de pulsar el botón "Grabar".

Un *buzzer* es un componente electroacústico capaz de emitir un sonido continuo o intermitente del mismo tono. El utilizado en esta práctica será de tipo activo, ya que en su interior incorpora un circuito que genera un tono fijo en cuanto se conecta a la alimentación. Su aspecto es el mostrado a continuación:

Observe que tiene una patilla más larga que la otra. Al igual que sucede con los leds, será la que tenga que conectar al positivo de la alimentación, en este caso, al GPIO con el que se controle (cada vez que se ponga a un nivel alto hará que suene).

Como es la primera vez que usa este componente, primero debe conocer el comando Tasmota con el que se controla:

`Buzzer nº_pitidos pitido silencio`

Todos los parámetros de este comando son opcionales y su valor por defecto es 1.

El parámetro *nº_pitidos* es el número de pitidos que se quiere emitir. El valor -1 genera pitidos continuamente, mientras que el 0 silencia el zumbador.

El parámetro *pitido* establece la duración de cada pitido a intervalos de 100 milisegundos. Por ejemplo, un valor de 2 significaría que cada pitido duraría 200 milisegundos.

El parámetro *silencio* establece la duración del silencio entre pitidos, también a intervalos de 100 milisegundos.

Para conocer todos los parámetros y su significado consulte la página https://tasmota.github.io/docs/Buzzer/#buzzer-command.

A modo de ejemplo, aquí tiene algunos ejemplos de uso del comando Buzzer:

- **Buzzer 2**. Emite dos pitidos.

- **Buzzer 2 3**. Emite dos pitidos de 300 milisegundos de duración.

- **Buzzer 2 3 4**. Emite dos pitidos de 300 milisegundos de duración con un silencio entre ellos de 400 milisegundos.

Una vez que ya sabe cómo se controla un *buzzer*, llegó el momento de añadir las reglas que determinen el comportamiento del sistema:

```
Rule1 ON Analog#A0<1020 DO Buzzer -1 4 4 ENDON
      ON Analog#A0>1020 DO Buzzer 0 ENDON
```

No se olvide de borrar las que hubiera anteriormente en Rule1 para que no interfieran con las nuevas.

Como puede observar, ambas reglas tienen un disparador que comprueba si el valor analógico medido en el pin A0 es mayor o menor que 1020 (cuando el sensor está completamente seco es de 1024). En el primer caso comenzaría a sonar el *buzzer* de forma indefinida (el valor del primer parámetro es -1) y en el segundo enmudecería (su valor es 0).

Si el sistema funcionara correctamente, el *buzzer* debería estar en silencio hasta que lo sumergiera ligeramente en un vaso de agua, momento en el que empezaría a sonar. Al sacarlo dejaría de pitar.

Unidad 7
TEMPORIZADORES

Todos los mensajes que se muestran en la consola de Tasmota van precedidos de la hora en la que se producen. Pero ¿cómo es posible si el WEMOS no tiene incorporado ningún módulo de RTC (*Real Time Clock*, reloj en tiempo real) como el mostrado en la siguiente imagen, usado habitualmente en proyectos con Arduino?

El motivo es porque Tasmota recibe la hora de Internet por NTP *(Network Time Protocol)*, protocolo que se utiliza para sincronizar los relojes de los sistemas informáticos. La hora utilizada sigue el estándar UTC *(Universal Time Coordinated)*, que se usa como referencia horaria internacional. Es equivalente a GMT *(Greenwich Mean Time)*, que es la del meridiano de Greenwich (el que pasa por Londres). Dicha hora se encuentra en servidores NTP que la obtienen de forma exacta por diversos medios (p. ej., a partir de señales de radio, por satélite GPS, etc.) y la suministran a los equipos que la requieran para su funcionamiento.

Sin embargo, los países se localizan en zonas horarias diferentes e, incluso, tienen un horario de verano y otro de invierno. Por ejemplo, la zona horaria de España (en la península) es GMT+2 en verano y GMT+1 en invierno. Esta será la hora mostrada por defecto en la consola cuando se utilice la versión española del firmware (Tasmota ES).

Aunque la Comisión Europea propuso en agosto de 2018 la eliminación del cambio de hora, de momento no hay tomada ninguna decisión. Mientras tanto, dicho cambio horario deberá realizarse a las 02:00 del último domingo de marzo y a las 02:00 del último domingo de octubre.

Si su zona horaria fuera diferente, deberá ejecutar los comandos `Timezone TimeStd` y `TimeDst` con los parámetros indicados en la página https://tasmota.github.io/docs/Timezone-Table/. Por ejemplo, para "Europe/Madrid" sería:

```
Backlog Timezone 99;
        TimeStd 0, 0, 10, 1, 3, 60;
        TimeDst 0, 0, 3, 1, 2, 120
```

Timezone Table		
Home Features ESP32 Smart Home Integrations Peripherals Supported Devices Help Web Installer		
	Europe/London	Backlog0 Timezone 99; TimeStd 0,0,10,1,2,0; TimeDst 0,0,3,1,1,60
	Europe/Luxembourg	Backlog0 Timezone 99; TimeStd 0,0,10,1,3,60; TimeDst 0,0,3,1,2,120
	Europe/Madrid	Backlog0 Timezone 99; TimeStd 0,0,10,1,3,60; TimeDst 0,0,3,1,2,120
	Europe/Malta	Backlog0 Timezone 99; TimeStd 0,0,10,1,3,60; TimeDst 0,0,3,1,2,120

El comando `Timezone` establece el número de horas que hay de diferencia entre su zona horaria y la GMT. Cuando su valor es 99 (como en este caso), la zona horaria se configura con los comandos `TimeDst` y `TimeStd`. El primero especifica cuándo empieza el horario de verano (DST, *Daylight Saving Time*) y el segundo cuándo se vuelve al horario estándar de invierno (STD, *Standard Time*).

Para comprobar que la configuración horaria del firmware cargado (Tasmota ES) coincide con la de estos tres comandos solo tiene que ejecutarlos sin parámetros.

```
17:09:03.611 CMD: timezone
17:09:03.615 RSL: RESULT = {"Timezone":"+01:00"}
17:09:15.757 CMD: timestd
17:09:15.761 RSL: RESULT = {"TimeStd":{"Hemisphere":0,"Week":0,"Month":10,"Day":1,"Hour":3,"Offset":60}}
17:09:42.643 CMD: timedst
17:09:42.647 RSL: RESULT = {"TimeDst":{"Hemisphere":0,"Week":0,"Month":3,"Day":1,"Hour":2,"Offset":120}}
```

En la respuesta del primer comando se puede observar que la zona horaria en la que me encuentro es GMT+1 (es la de invierno).

La estructura de la respuesta de los otros dos comandos es similar, ya que en ambas se hace referencia al hemisferio en el que vivo, además de la semana, el mes, el día de la semana y el número de minutos que se añade a la hora GMT en el horario de invierno o el de verano, según se trate de uno u otro comando.

Según la respuesta obtenida por el comando TimeStd, estoy en el hemisferio norte (el valor del primer parámetro es 0) y el horario de invierno empieza en octubre (mes 10), la última semana del mes (su valor es 0. El de la primera, la segunda, ... sería 1, 2, ...), en concreto, el domingo (día 1 de la semana) a las 3 de la madrugada (3). En ese momento la hora pasa a ser GMT+1 (se retrasa una hora respecto del verano).

Por otra parte, la respuesta obtenida por el comando TimeDst indica que el horario de verano comienza en marzo (mes 3), la última semana del mes (0), en concreto, el domingo (1) a las 2 de la madrugada (2). En ese momento la hora pasa a ser GMT+2 (se adelanta una hora).

Sin embargo, aunque usted sea de habla hispana puede que no viva en la península, sino en las islas Canarias, en el extranjero o, incluso, ser hispanoamericano, en cuyo caso los valores de los parámetros de los comandos TimeStd y TimeDst descritos anteriormente no le servirían de nada. Para obtener los correspondientes a otra área geográfica, Tasmota ofrece una herramienta gráfica (https://tasmota-tz.cloudfree.io/) que le dará los comandos completos con solo seleccionar su posición en un mapa.

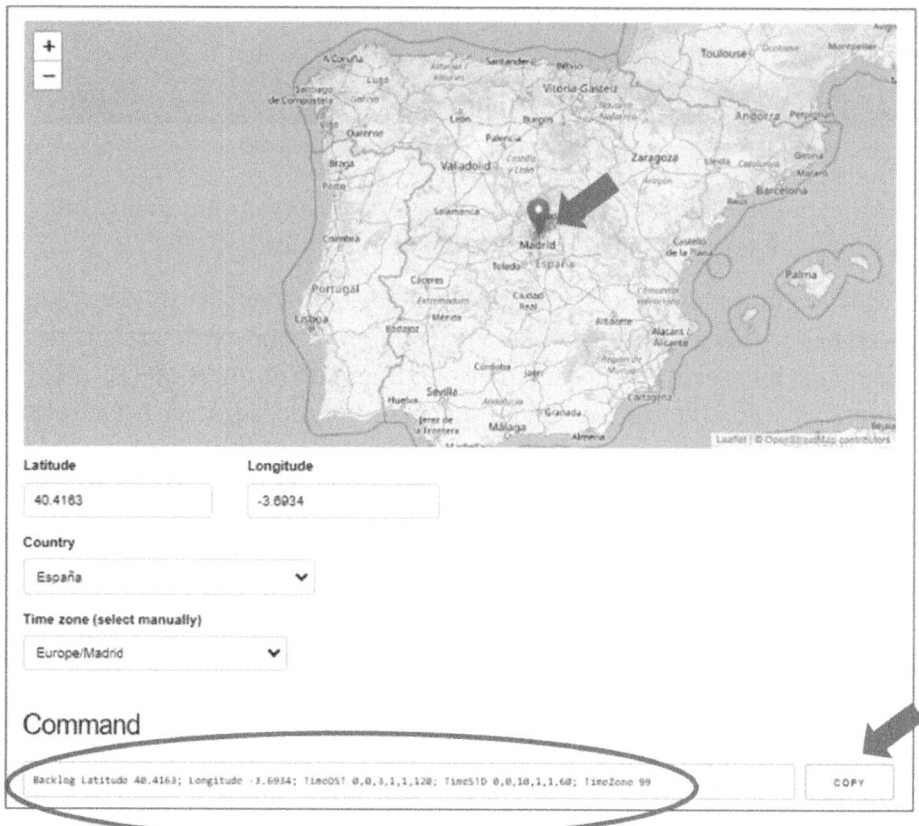

Observe que en el campo inferior se usa el comando `Backlog` para eje-cutar de forma secuencial otros cinco: `Longitude`, `Latitude`, `Timezone`, `TimeStd` y `TimeDst` (todos ellos con sus respectivos parámetros).

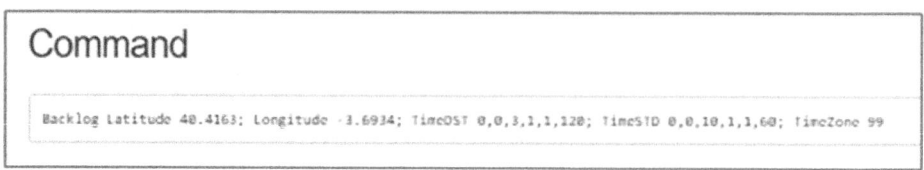

i Recuerde que si el valor del parámetro del comando Timezone es 99, la zona horaria viene determinada por los comandos TimeStd y TimeDst. Es decir, hay un horario de verano y otro de invierno.

De todos ellos, hay dos que todavía no conoce:

Longitude *longitud*
Latitute *latitud*

Informan a Tasmota de la longitud y la latitud donde se encuentra y se utilizan para calcular la hora aproximada en la que amanece y anochece en ese lugar.

Por lo tanto, pulse el botón copiar que hay a la derecha del campo donde aparecen estos comandos y péguelo en la consola de Tasmota.

 En https://tasmotatimezone.com/ encontrará otra herramienta similar.

Una vez que su dispositivo tenga la hora exacta podrá utilizarlo para crear temporizadores que le permitan, por ejemplo, regar el jardín en días alternos durante una hora a partir de las 22:00, o encender una luz al anochecer y apagarla al amanecer. De una forma increíblemente fácil.

Para explicar la forma de crear temporizadores se utilizará un circuito en el que únicamente hay un relé conectado al GIPO13/D7. Será el que encienda o apague la electroválvula de un sistema de riego.

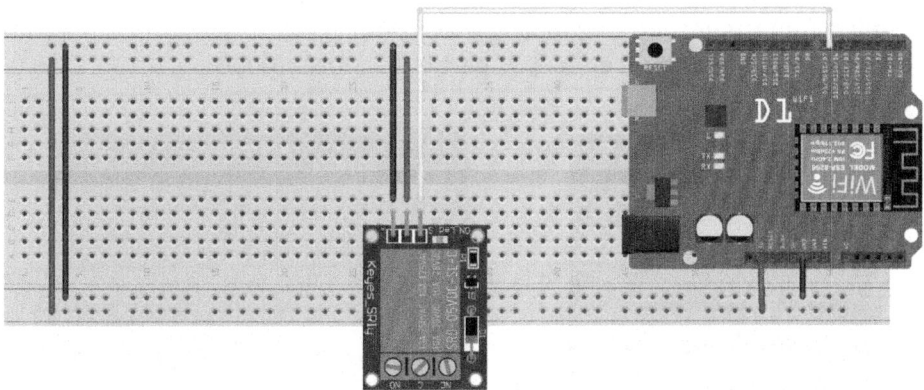

fritzing

La configuración en Tasmota solo contempla dicho relé, cuyo identificador es el 1.

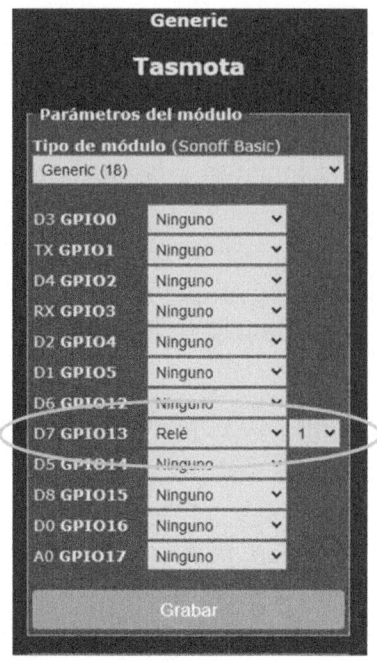

Ahora, seleccione la opción "Configuración" → "Configuración Temporizadores". Se abrirá una pantalla en la que hay todo lo necesario para crear hasta 16 temporizadores. La que se muestra a continuación corresponde a un primer temporizador, que activaría el relé todos los martes y los jueves a las 22:00. Analicemos por partes su contenido.

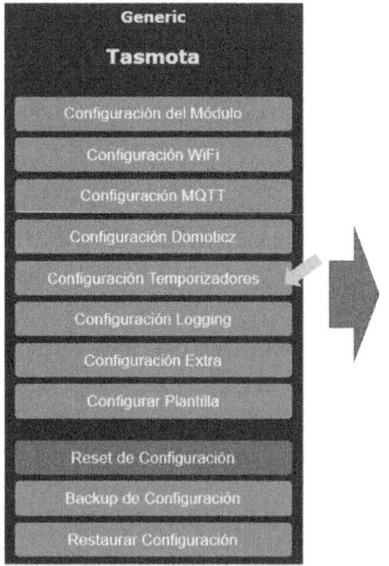

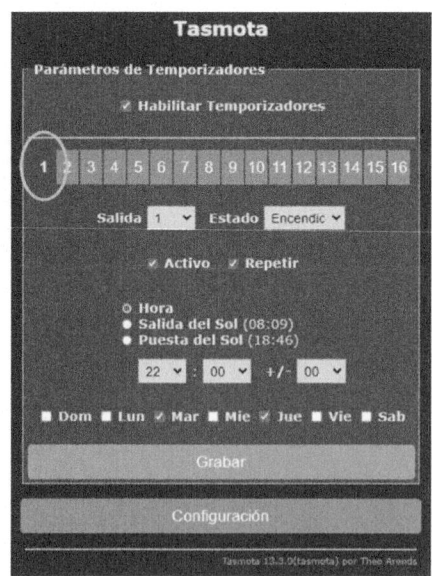

En la parte superior está la casilla de verificación "Habilitar Temporizadores". Deberá marcarla para iniciar todos los temporizadores (no solo el que está viendo).

Debajo hay 16 pestañas (una por temporizador). La que está viendo es la primera.

Luego hay dos campos. El de la izquierda indica la salida a la que afecta el temporizador, en concreto, el identificador del componente sobre el que se va a actuar cuando venza el temporizador (en el caso del relé es el 1). El campo "Estado" determina la acción que se llevaría a cabo según la opción seleccionada:

- **"Encendido".** Activa la salida.

- **"Apagado".** Desactiva la salida.

- **"Conmutar".** Activa la salida si está desactivada o viceversa.

- **"Regla".** Ejecuta el comando asociado a una regla cuyo disparador sea:

  `Clock#Timer=`*temporizador*`.`

Debajo de los campos anteriores hay otras dos casillas de verificación. Marque la primera ("Activo") para poner en marcha el temporizador. Señale también la segunda ("Repetir") cuando quiera que se dispare de forma repetida (no solo una vez).

Después se encuentran los *radiobuttons*, que indican si el temporizador se va a especificar mediante una hora concreta, a la salida o a la puesta del sol. Como el sistema de riego se va a activar a las 22:00, marque la primera opción y luego introduzca esta hora en los siguientes campos. El situado en el extremo derecho precedido por los caracteres "+/-" le resultará extraño. Representa el rango de minutos que, de forma aleatoria, se sumarían o se restarían de la hora señalada. Sirve, por ejemplo, para simular una presencia, ya que al encender o apagar una luz en momentos diferentes daría la impresión de que hay gente en casa.

En la última *checklist* deberá marcar los días de la semana en los que necesite que actúe el temporizador, en este caso, los martes y los jueves.

El temporizador anterior abre la electroválvula, pero faltaría añadir otro que la cerrara una hora más tarde. En esta otra imagen se muestra la forma de configurarlo. Observe que la salida sigue siendo la misma (1), ya que se actúa sobre el mismo relé, al que ahora se le asigna el estado "Apagado". El valor del resto de campos es semejante, excepto el de la hora (23:00).

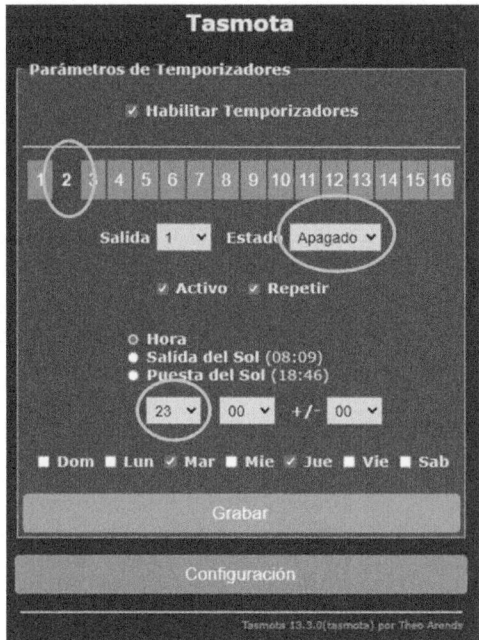

Una vez hechos estos cambios, solo tendrá que pulsar el botón "Grabar" para hacerlos efectivos.

Si en vez de una electroválvula, el relé del circuito utilizado de ejemplo se conectara a una luz, solo tendría que sustituir los temporizadores anteriores por los mostrados a continuación para encenderla todos los días al anochecer y apagarla al amanecer.

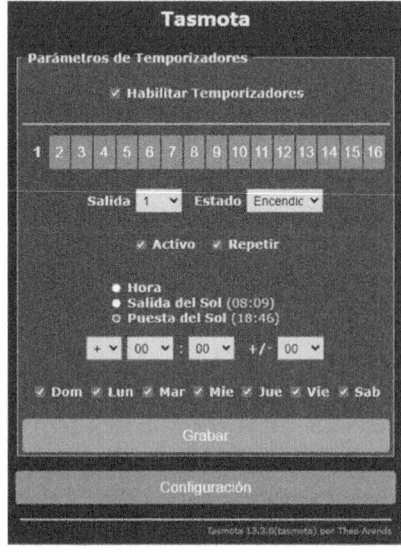
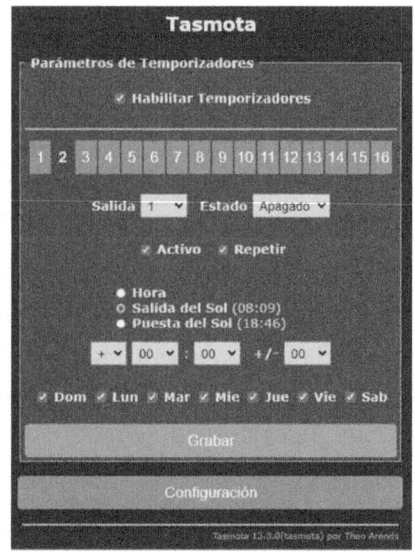

La principal diferencia entre estos nuevos temporizadores y los del sistema de riego es que en este caso se han marcado los *radiobuttons* "Salida del Sol" y "Puesta del Sol" (observe que entre paréntesis aparece la hora estimada).

En consecuencia, los campos donde antes se especificaba la hora, esta vez contendrán el número de minutos que deberán sumarse o restarse a la salida o la puesta de sol. De esta forma, se podría indicar, por ejemplo, que la luz se encendiera una hora después de la puesta de sol o que se apagara media hora antes del amanecer.

Naturalmente, se han marcado todos los días de la semana. No se olvide de este importante detalle, así como de pulsar el botón "Grabar" una vez finalizada la configuración.

Toda la documentación sobre los temporizadores la encontrará en https://tasmota.github.io/docs/Timers/.

Unidad 8
EL PROTOCOLO MQTT

MQTT es un protocolo de comunicaciones estándar basado en un modelo de publicación-suscripción de mensajes. Fue creado por Andy Stanford-Clark y Arlen Nipper en 1999, aunque hasta 2013 no se convirtió en un estándar oficial de la mano de OASIS (*Organization for the Advancement of Structured Information Standards* - Organización para el Avance de Estándares de Información Estructurada), una organización abierta cuyo propósito es favorecer el desarrollo de normas.

La principal ventaja de este protocolo son los escasos recursos que exige, tanto de comunicaciones como computacionales. Eso hace posible su empleo en microprocesadores sencillos, como los basados en el SoC ESP8266, que, además de ser pequeños y baratos, consumen muy poca energía, algo importante cuando deben alimentarse con baterías. Estas características, unidas al hecho de ser un estándar abierto y sencillo de implementar, lo hacen especialmente adecuado en las aplicaciones domóticas.

Los mensajes representan elementos de información, tales como datos (p. ej., la temperatura detectada por un sensor) o comandos de control (p. ej., la indicación de encendido/apagado de la calefacción). Estos son enviados (publicados dentro del contexto de este protocolo) por un cliente en un determinado tema y recibidos por todos aquellos que estén suscritos a él. El tema representa el asunto del mensaje, aquello de lo que trata su contenido. Por ejemplo, si un tema fuera "radiador del salón", el contenido podría ser "encender" o "apagar"; mientras que si fuera "temperatura del salón", el contenido sería un número con dicho valor.

En resumen, para que se establezca una comunicación MQTT entre dos clientes, uno de ellos debe ser capaz de publicar mensajes en un tema al que el otro se haya suscrito. Cualquier cliente puede ser publicador o suscriptor. Además, los mensajes publicados en un tema pueden ser recibidos por todos los clientes que se hayan suscrito a *él*.

Pero ¿cómo sabe un publicador quiénes son los suscriptores a los que debe enviar los mensajes? No lo sabe y tampoco necesita saberlo. De eso se encarga un tercer elemento intermedio, llamado bróker, responsable de recibir todos los mensajes, decidir quiénes están interesados en ellos y, finalmente, remitírselos. Por lo tanto, el bróker guarda un registro de las suscripciones de todos los clientes. De esta forma, cuando le llega un mensaje, comprueba el tema del que se trata, consulta su registro y se lo envía a los clientes suscritos.

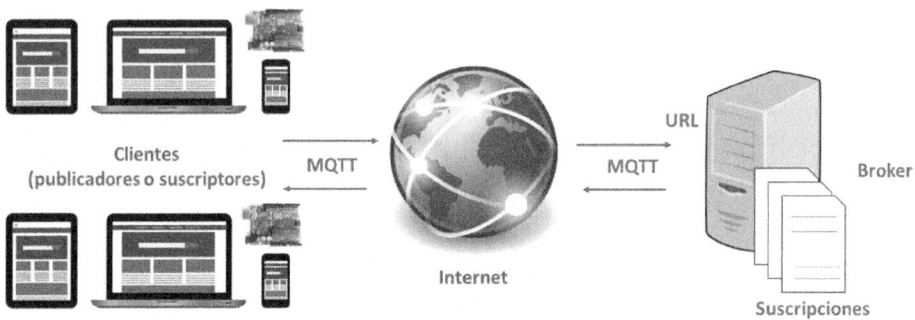

El bróker no modifica los mensajes, únicamente los redirige de un publicador a sus suscriptores. Tampoco los almacena de forma predeterminada, por lo que *únicamente* los reciben los suscriptores que están conectados al bróker en el momento de haber sido enviados (más adelante conocerán las excepciones a este comportamiento).

En las prácticas que realice a lo largo de esta obra utilizará un bróker público a fin de comunicarse con Tasmota desde un ordenador o un teléfono móvil con acceso a Internet (no solo a la misma red wifi donde se encuentre el dispositivo.

Entre los bróker públicos existentes en Internet, se ha optado por HiveMQ (https://www.hivemq.com/mqtt/public-mqtt-broker/).

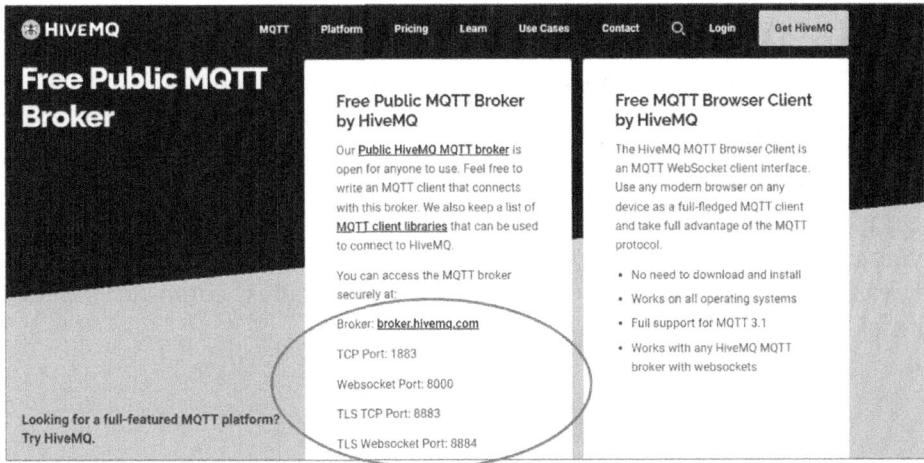

En su página web encontrará toda la información necesaria para empezar a usarlo. Pero antes de hacerlo deberá adquirir algunos conocimientos básicos sobre el funcionamiento del protocolo MQTT.

> *i* Si prefiere otro bróker, en https://github.com/mqtt/mqtt.github.io/wiki/public_brokers tiene una lista actualizada de los principales bró-keres *públicos* (aunque no todos funcionan con Tasmota).

> *i* Los brókeres de uso público y gratuito no garantizan tiempos de respuesta concretos ni tampoco un servicio 24 × 7, por lo que puede haber momentos en los que vayan más lentos o estén caídos.

8.1 FASES DE ESTABLECIMIENTO E INTERCAMBIO DE MENSAJES ENTRE CLIENTES

El protocolo MQTT establece la comunicación en dos fases: una inicial de conexión con el bróker y otra de suscripción o publicación de mensajes, según el rol adoptado por el cliente. Veamos en detalle cada una de estas fases.

8.1.1 Conexión con el bróker

MQTT se basa en los protocolos TCP/IP, por lo que requiere una URL y un puerto para conectarse a un bróker (al igual que HTTP para conectarse a un servidor web). Su principal ventaja es la de ser mucho más ligero, por lo que consume menos ancho de banda y requiere menos recursos computacionales. Esto lo hace especialmente apto para redes de baja velocidad (incluso con problemas de transmisión) y para dispositivos cuyas capacidades de procesamiento sean reducidas, como los basados en el SoC ESP8266.

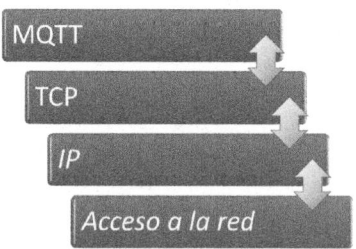

Cuando un cliente inicia una conexión con el bróker, le envía un mensaje de tipo CONNECT con los siguientes parámetros de configuración:

- Identificador del cliente

- Opción de persistencia de sesión

- Usuario y contraseña

- Intervalo de tiempo *keep alive*

- Mensaje de desconexión inesperada (o de últimas voluntades)

> *i*
>
> Únicamente son obligatorios el identificador del cliente, la opción de persistencia de sesión y el intervalo de tiempo *keep alive*.

El identificador de un cliente lo distingue de los demás, por lo que debe ser único.

La opción de persistencia de sesión *(clean sesion)* mantiene la información asociada a un cliente, aunque se desconecte del bróker. Así pues, cuando la conexión se inicia con esta opción, el bróker recuerda las suscripciones realizadas y mantiene los mensajes recibidos con un QoS de 1 o 2 que no hayan podido ser enviados al cliente (como pronto descubrirá, son aquellos en los que el protocolo asegura su entrega). En caso contrario, si se perdiera la conexión por cualquier motivo, cuando el cliente se conectara de nuevo tendría que volver a suscribirse y solo recibiría los mensajes que se enviaran a partir de ese momento.

El usuario y la contraseña se utilizan para autenticar la conexión de los clientes al bróker.

El intervalo de tiempo *keep alive* es el número máximo de segundos que pueden transcurrir antes de que el cliente se ponga en contacto con el bróker para indicarle que sigue operativo. Superado este tiempo, el bróker procedería a su eliminación de los registros (a no ser que hubiera iniciado sesión con la opción de persistencia activada).

Por último, el mensaje de desconexión inesperada (o de últimas voluntades) es el que enviaría el bróker en nombre de un cliente que no haya dado señales de vida durante el intervalo de tiempo *keep alive*. Resulta de gran utilidad, ya que sirve, por ejemplo, para avisar de que un dispositivo está estropeado o, simplemente, se ha quedado sin batería.

8.1.2 Publicación y suscripción de mensajes

Tanto la publicación como la suscripción de mensajes requieren la especificación de un tema. Este puede estructurarse en una jerarquía similar a la de las carpetas de un sistema de archivos, donde se usa el carácter '/' como delimitador. Por ejemplo, si quisiera encender la luz de la sala de su casa, podría crear el tema "casa/sala/luz"; si se tratara de las del despacho de su oficina, sería "oficina/despacho/luz". Cuando desee encender el aire acondicionado de la habitación de matrimonio, el tema podría ser "casa/habitación_matrimonio/aire_acondicionado". Si solo tuviera un dispositivo IoT para encender la luz, podrían simplificar el nombre del tema indicando simplemente "luz". Incluso con un par de ellos, los temas podrían ser "luz_salón" o "luz_cocina" (sin ningún tipo de estructura, ya que va implícita en el propio nombre del tema).

> *i* Aunque en teoría los espacios están permitidos, conviene no usarlos porque pueden llevar a errores inesperados.

Las suscripciones pueden realizarse a uno o varios niveles de una jerarquía de temas usando los caracteres comodín '+' y '#'. Por ejemplo, si se suscribieran al tema "casa/+/luz", lo estarían haciendo a los temas relacionados con las luces de la casa, como casa/sala/luz, "casa/habitación_matrimonio/luz", etc. En cambio, si se suscribieran al tema casa/#, se estarían suscribiendo a todos los temas que hubiera por debajo de "casa" a cualquier nivel (incluiría la luz y el aire acondicionado de cualquier habitación).

En la publicación de mensajes, además del tema, intervienen los siguientes parámetros:

- QoS (*Quality of Service* – Calidad de servicio)
- Opción de mensaje retenido

Cuando un cliente publica un mensaje en un tema, lo hace con una calidad de servicio (QoS). Este representa un acuerdo entre el publicador y los suscriptores por el que se establecen las condiciones de entrega de dicho mensaje. En MQTT se definen tres niveles:

- **Nivel 0.** El mensaje se envía solo una vez. Por lo tanto, no hay garantía de entrega. Por ejemplo, si el suscriptor estuviera parado o hubiera algún problema de comunicaciones en ese momento, no lo recibiría. Es el nivel mínimo de calidad.

- **Nivel 1.** Se garantiza que el mensaje se entrega al menos una vez a cada suscriptor. Es posible que le llegue varias veces. Esto podría ser problemático dependiendo de la lógica de la aplicación.

- **Nivel 2.** El mensaje llega exactamente una vez a cada suscriptor. Es el nivel más alto de servicio, pero también el más lento.

Cuando el cliente se conecta a un bróker y se suscribe a un tema, no sabe cuándo llegará algún mensaje. El publicador puede tardar segundos, minutos o incluso horas en enviarlo. Hasta que no se publique el primer mensaje, el suscriptor desconoce el estado actual del tema. Por ejemplo, si tuviera un sensor que actualizara la temperatura cada hora, cuando un cliente se suscribiera, podría pasar hasta una hora hasta que le llegara un mensaje con dicha temperatura. Durante todo ese tiempo no sabría cuál es. Para resolver este problema, entran en juego los mensajes retenidos.

Un mensaje retenido es un mensaje MQTT que se publica con la opción de retención activada. El bróker almacena el último mensaje de este tipo enviado sobre un tema. Si un cliente se suscribiera a él posteriormente, el bróker se lo enviaría de forma inmediata. Siguiendo el ejemplo del sensor de temperatura, en el momento de la suscripción recibiría de forma instantánea la última enviada por dicho sensor.

8.2 CONFIGURACIÓN DE MQTT EN TASMOTA

Para que Tasmota pueda empezar a publicar o suscribirse a mensajes MQTT, confirme que está habilitado este tipo de comunicaciones. Para ello, vaya a la pantalla "Configuración" → "Configuración Extra" y asegúrese de que esté seleccionada la casilla de verificación "Habilitar MQTT".

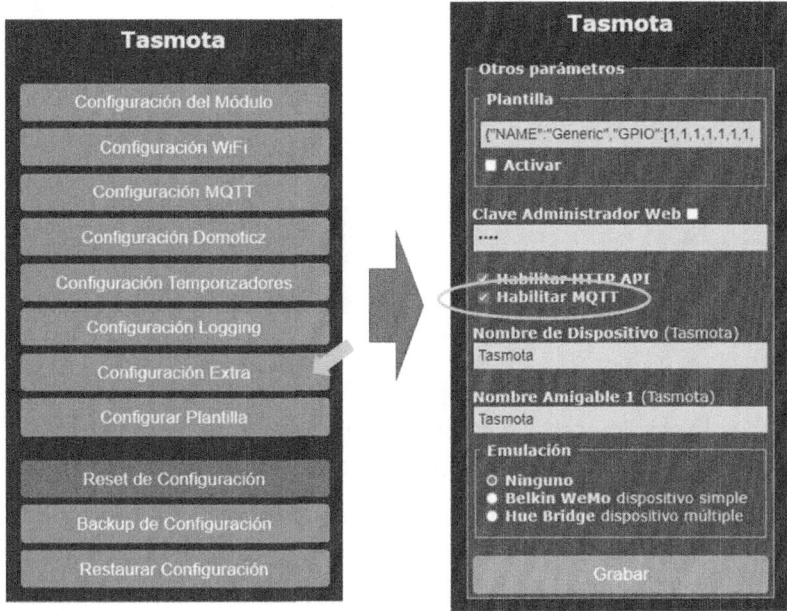

Hecho esto, deberá conectarse a un bróker como cliente MQTT. Para ello, vaya a la pantalla "Configuración" → "Configuración MQTT" e introduzca el *Host* (broker.hivemq.com) y el puerto (1883) indicados en la web de HiveMQ.

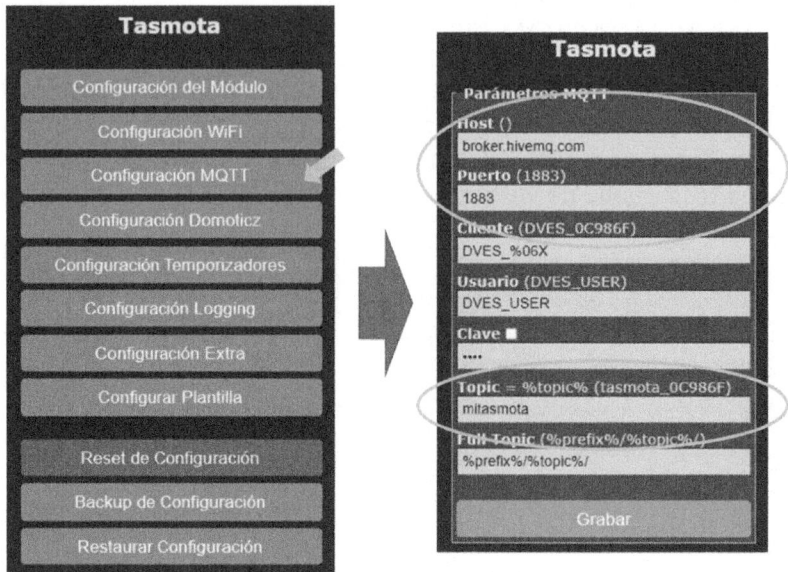

Mantenga el identificador de cliente, ya que, según la documentación de Tasmota, solo sería necesario cambiarlo en casos muy particulares, así como el usuario y la clave de autenticación al bróker.

El campo que sí requiere personalización es "Topic", ya que es el último nivel en la jerarquía de los temas a los que Tasmota está suscrito o en los que publica sus mensajes. En este caso se ha elegido "mitasmota", aunque conviene que usted use otro diferente para que no interfiera con las pruebas realizadas por otros lectores.

Tasmota se suscribirá o publicará mensajes en los temas cuya jerarquía se establezca en el campo "Full Topic". Se ha optado por no modificar la que viene por defecto, por lo que estará formada por un prefijo (más adelante conocerá los manejados por Tasmota) y el texto introducido en el campo anterior:

prefijo/*topic*

Por lo tanto, en mi caso sería:

prefijo/**mitasmota**

Si quisiera, podría crear más niveles en la jerarquía. En ningún caso se aconseja reducir los que aparecen por defecto (el del prefijo y el tema).

Una vez realizados los cambios anteriores, pulse el botón "Grabar" para hacerlos efectivos. Espere a que se reinicie Tasmota y acceda a la consola. Entre los mensajes que aparecen hay dos muy especiales que confirman la conexión del Tasmota al bróker:

hora MQT: Intentando conectar...

hora MQT: Conectado

Del resto de mensajes, los que contienen la palabra clave MQT se corresponden a mensajes MQTT publicados por Tasmota, bien de forma periódica, o como respuesta a otros recibidos en alguno de los temas en los que está suscrito. Su formato es:

hora MQT: *tema* = *contenido*

Observe que el tema empieza siempre por alguno de los prefijos estándar de Tasmota (en la imagen anterior `stat` o `tele`). Para conocer más acerca de ellos no se pierda la siguiente sección.

8.2.1 Temas estándar de publicación de mensajes

Aunque existe la posibilidad de publicar o suscribirse a mensajes en cualquier tema (el indicado en el campo "Full Topic"), se aconseja que este forme parte de una jerarquía en la que intervenga uno de los siguientes prefijos, ya que tienen un significado especial para Tasmota:

- **cmnd**. Ejecuta un comando.
- **stat**. Envía información de estado o configuración
- **tele**. Envía información de sensores periódicamente.

Por lo tanto, el tema en el que se debe publicar un mensaje para que Tasmota ejecute un comando sería:

`cmnd/`*`topic`*`/`*`comando`*

Por ejemplo, para que mi Tasmota ejecute el comando `POWER ON` solo tendría que publicar un mensaje MQTT con el contenido `ON` en el tema:

`cmnd/mitasmota/POWER`

> Cuando haga referencia a mi Tasmota, lo estaré haciendo a un dispositivo en el que se ha introducido el valor "mitasmota" en el campo "Topic" de la pantalla de configuración de MQTT.

Una vez ejecutado el comando, Tasmota publicará a su vez dos mensajes:

1. Uno en el tema stat/*topic*/RESULT, cuyo contenido es un objeto JSON con el resultado del comando.

2. Otro en el tema stat/*topic*/*comando* con el estado actual (el afectado por el comando).

En el ejemplo anterior, el tema y el contenido de los mensajes que publicaría Tasmota tras ejecutar el comando `POWER ON` serían:

Tema: `stat/mitasmota/RESULT`. Contenido: `{"POWER":"ON"}`.

Tema: `stat/mitasmota/POWER`. Contenido `ON`.

Si Tasmota recibiera un mensaje en el tema `cmnd/mitasmota/POWER` sin ningún contenido, publicaría otro con el estado actual del relé (igual que si se hubiera ejecutado el comando sin parámetros).

Por último, si Tasmota tuviera conectado algún sensor publicaría periódicamente un mensaje en el tema:

`tele/`*`topic`*`/`*`sensor`*

Por ejemplo, el tema en el que se publicaría la temperatura y la humedad obtenidas de un sensor DHT11 conectado a mi Tasmota sería:

`tele/mitasmota/DHT11`

El contenido de este mensaje es un objeto JSON cuya estructura varía de un sensor a otro. Más adelante analizará el correspondiente al DHT11.

Los datos de los sensores se envían por defecto cada cinco minutos. Recuerde que el comando con el que se puede modificar este valor es:

```
TelePeriod periodo
```

Su parámetro es un número entre 10 y 3600 segundos (por defecto es de 300 segundos). Si se le asignara el valor 0 dejarían de enviarse mensajes MQTT.

8.2.2 Opción de retención, mensaje de últimas voluntades y nivel de servicio

Tasmota permite el envío de mensajes con la opción de retención activada. Para activarla o desactivarla, deberá ejecutar alguno de los siguientes comandos según el tipo de componente involucrado:

1. **PowerRetain**. Estado actual de un relé.
2. **SensorRetain**. Última información enviada por un sensor.
3. **SwitchRetain**. Estado actual de un botón.

El único parámetro de todos estos comandos es el que permite activar (on) o desactivar (off) la opción de retención.

Por ejemplo, el siguiente comando impediría la publicación de mensajes con datos de sensores:

```
SensorRetain off
```

En lo que respecta al mensaje de últimas voluntades, su contenido es Offline y se publica en el tema:

```
tele/topic/LWT
```

LWT es el acrónimo de últimas voluntades en inglés (*Last Will and Testament*).

De este modo, si mi Tasmota se desconectara bruscamente por un fallo de alimentación, a los pocos segundos el bróker publicaría un mensaje con el contenido Offline en el tema:

```
tele/tmitasmota/LWT
```

En cuanto al nivel de servicio, en la documentación de Tasmota se indica que los mensajes se publican con QoS 0, aunque es capaz de suscribirse a los publicados con QoS 0 o QoS 1.

> Toda la documentación de Tasmota relacionada con MQTT la encontrará en https://tasmota.github.io/docs/MQTT/.

Una vez conectado el dispositivo a un bróker MQTT, para demostrar que Tasmota es capaz de enviar periódicamente los datos obtenidos mediante un sensor, o ejecutar los comandos que le lleguen por ese mismo medio, hará falta disponer de un cliente MQTT capaz de publicar o suscribirse a los mensajes en cuyos temas se realice esta comunicación. Para ello, en la siguiente sección se describirá una herramienta muy sencilla que, además de poner en práctica estos nuevos conocimientos teóricos, le será de gran utilidad durante la realización de pruebas cuando desarrolle sistemas domóticos que hagan uso de este protocolo.

8.3 LA HERRAMIENTA MQTT EXPLORER

El establecimiento de una comunicación MQTT requiere, al menos, la existencia de un publicador y un suscriptor, uno de los cuales será su dispositivo Tasmota. Por lo tanto, para probar que funciona correctamente necesitará alguna herramienta que permita simular el receptor o el emisor de los mensajes que intervienen en los diferentes escenarios de publicación/suscripción en los que participe.

A poco que navegue por Internet, descubrirá que existen multitud de clientes MQTT configurables. De todos ellos, uno de los más populares es MQTT Explorer, desarrollado por Thomas Nordquist. Su cuidada interfaz y, sobre todo, su fácil manejo, la convierten en la herramienta ideal para la realización de pruebas MQTT.

Para instalarla, acceda a la página http://mqtt-explorer.com/, baje hasta encontrar la sección "Download" y pulse sobre el enlace correspondiente a su sistema operativo.

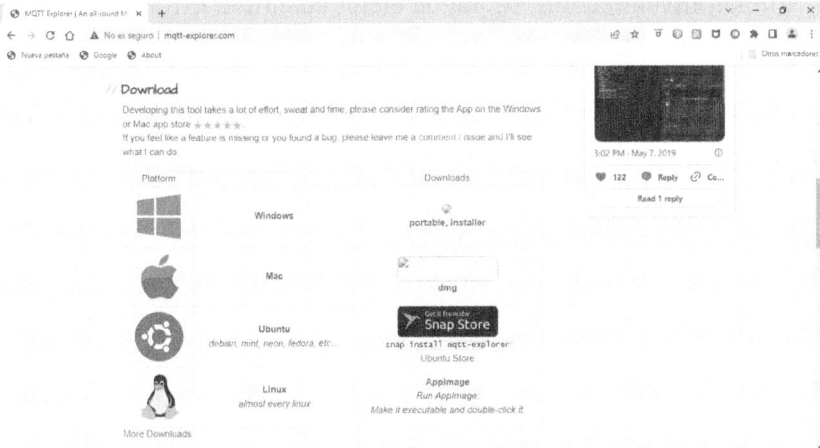

Una vez descargado el archivo, solo tiene que ejecutarlo para iniciar la instalación de la herramienta. Finalizado este proceso, se abre automáticamente la aplicación, en la que lo primero que deberá hacer es seleccionar el bróker al que quiera conectarse.

Inicialmente viene configurada por defecto con los dos brókeres más populares (mqtt.eclipse.org y test.mosquitto.org). Sin embargo, el que va a utilizar es HiveMQ, por lo que antes tendrá que darlo de alta en la herramienta. Para ello, pulse el botón "+" situado en la esquina superior izquierda.

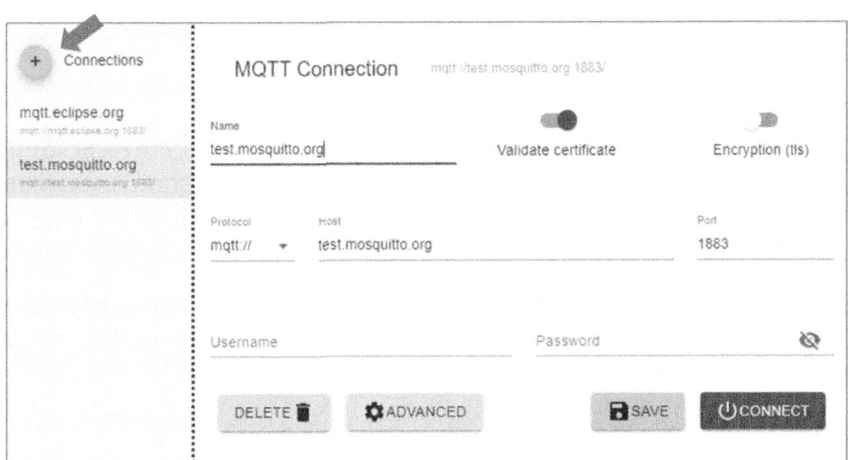

Aparecerá una pantalla en la que tendrá que rellenar los siguientes campos:

- **"Name".** Nombre de la conexión (es el que verá en el panel izquierdo, debajo de eclipse y mosquitto). Aunque coincide con el del bróker (broker.hivemq.com), se puede elegir cualquier otro.

- **"Protocol".** Protocolo utilizado (mantenga "mqtt").

- **"Host".** Nombre o dirección IP del bróker; en este caso, el de HiveMQ (broker.hivemq.com).

- **"Port".** Número del puerto. Es el estándar (1883).

Luego, pulse el botón "ADVANCED".

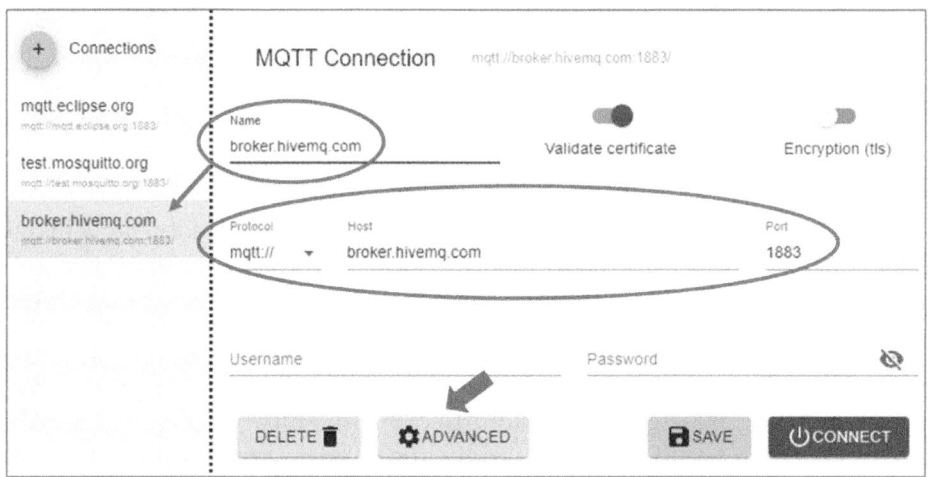

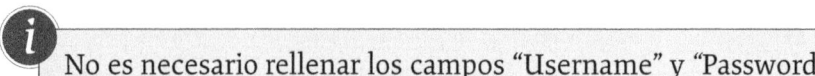
No es necesario rellenar los campos "Username" y "Password".

Se muestra otra pantalla, en cuya parte inferior se encuentra el identificador de cliente generado automáticamente por la herramienta (campo "MQTT Client ID"). También puede editarlo y poner el que usted quiera.

En la parte superior de esa misma pantalla está el campo "Topic", donde se introducirán los temas a los que quiera suscribirse (se van agrupando en la lista inferior). Inicialmente hay dos: '#' y '$SYS/#'. Borre ambos pulsando sobre el icono de la papelera que tiene a su izquierda.

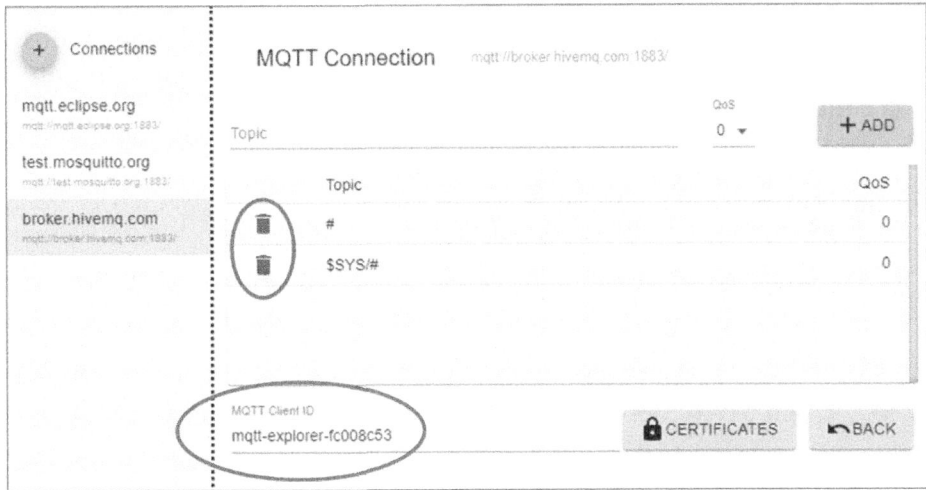

Ahora añada los nuevos temas. El primero le permitirá recibir todos los mensajes de estado publicados por mi Tasmota:

```
stat/mitasmota/#
```

Solo tiene que escribirlo en el campo "Topic" y pulsar el botón "+ADD" (pasará a formar parte de la lista inferior).

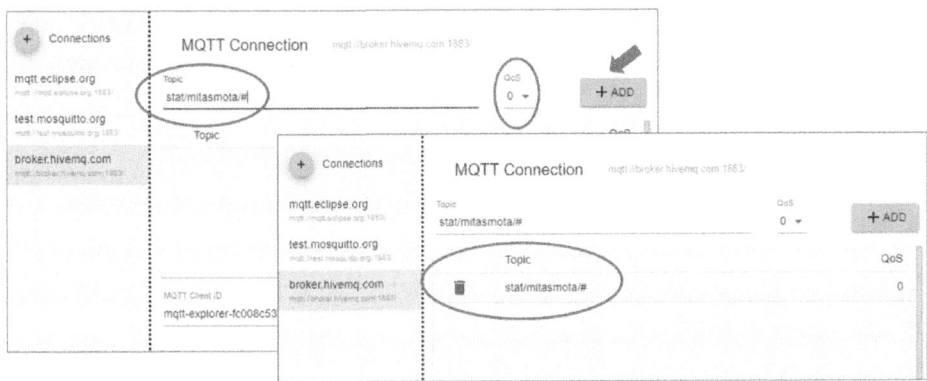

Observe que incluso tiene la posibilidad de seleccionar un nivel de servicio (QoS).

A continuación, haga lo mismo con el tema en el que mi Tasmota publicará los mensajes con la información recogida de sus sensores:

```
tele/mitasmota/#
```

Observe que en el nombre de ambos temas solo se han utilizado los dos prefijos estándar y la palabra introducida en el campo "Topic" durante la configuración de MQTT en Tasmota.

Hecho esto, pulse el botón "Back".

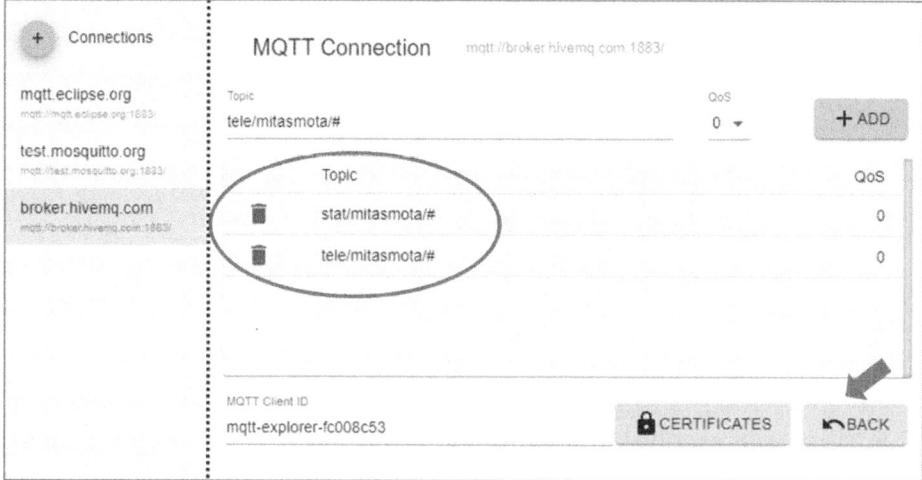

Volverá a la ventana anterior, donde tendrá que pulsar el botón "SAVE" para guardar los cambios realizados y "CONNECT" para conectarse al bróker.

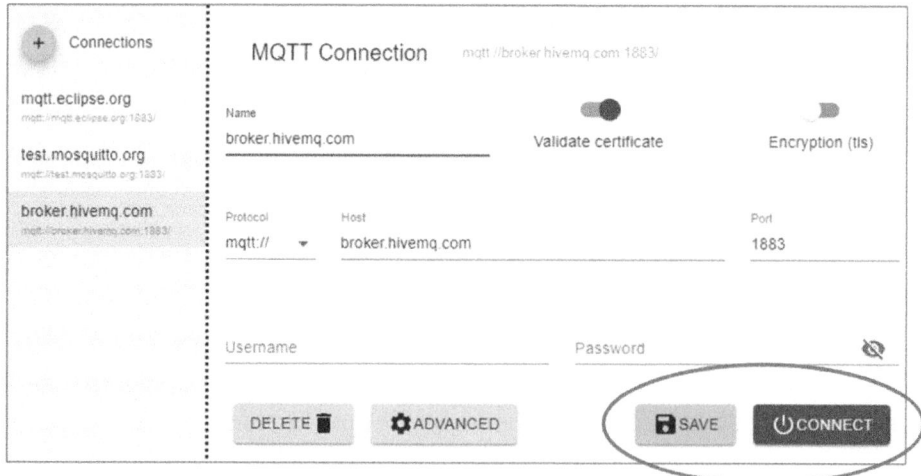

Si la conexión se estableciera correctamente, accedería a la ventana principal de la herramienta.

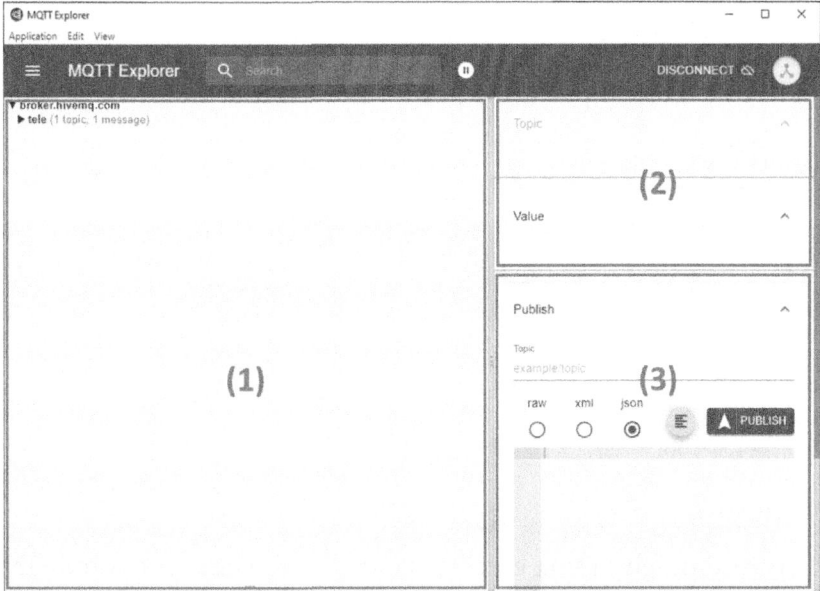

Además de la barra de menús superior, se aprecian tres grandes paneles:

1- Muestra de forma jerárquica los mensajes publicados en los temas a los
que está suscrita la herramienta.

3- Presenta información detallada del mensaje que se seleccione en el
panel izquierdo.

4- Permite la publicación de mensajes.

Para saber el estado en el que se encuentra la conexión, sitúe el ratón sobre
el icono que hay en la esquina superior derecha de la ventana. Emergerá un
mensaje con la palabra "online" u "offline".

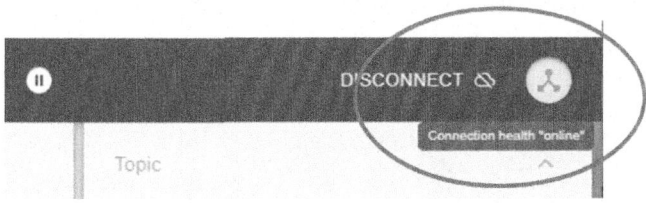

Los mensajes se clasifican en el panel izquierdo según la jerarquía de temas a la que está suscrito el cliente. Si recuerda, estos eran `stat/mitasmota/#` y `tele/mitasmota/#`. Solo tiene que pulsar sobre cada nivel de la jerarquía (en la imagen citada sería `tele` y `mitasmota`) para ver los que hay en cada uno de ellos. Sería algo parecido a lo que se hace en Windows para ir descendiendo por la jerarquía de carpetas hasta llegar al archivo deseado.

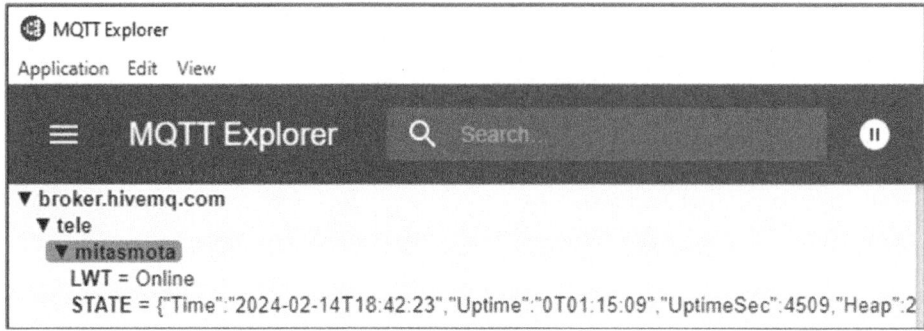

> *i*
>
> No aparece ningún tema en el tema `stat/mitasmota/#` porque todavía no se ha publicado ningún mensaje con él.

En la imagen anterior se pueden ver dos mensajes. El primero lo publica mi Tasmota en el mismo tema que el de últimas voluntades (`tele/mitasmota/LWT`), con el contenido `Online`, para confirmar la conexión al bróker. El segundo también lo publica mi Tasmota, en este caso en el tema `tele/mitasmota/STATE`, con información del estado del dispositivo.

Desconecte el WEMOS de la alimentación. Pasados unos segundos aparecerá un nuevo mensaje, que en esta ocasión será publicado por el bróker en el tema de últimas voluntades de mi Tasmota con el contenido `Offline`. Informa que el dispositivo ha dejado de funcionar.

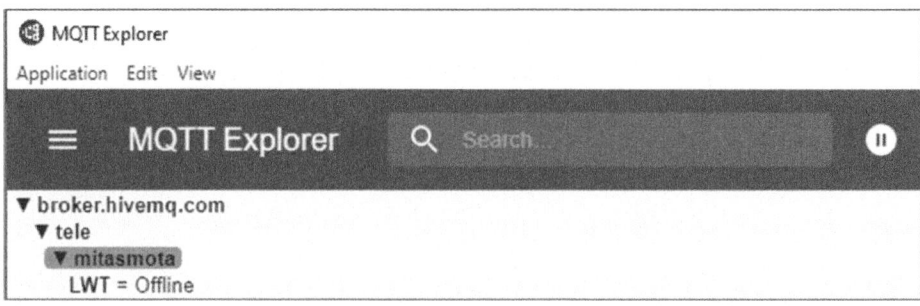

8.3.1 Ejecución de comandos

Si lo recuerda, en el capítulo dedicado a los comandos se dijo que estos podían ejecutarse de forma manual en la consola, de forma automática mediante reglas o de forma manual y automática con mensajes MQTT o peticiones HTTP. Aunque la forma habitual de ejecutar manualmente un comando es en la consola, en aquel capítulo también se describió cómo hacerlo componiendo la URL adecuada en la barra de direcciones de un navegador. En esta ocasión hará lo mismo, pero publicando un mensaje MQTT desde la herramienta MQTT Explorer. En concreto, en este ejercicio publicará uno que le permita activar o desactivar un relé.

El circuito utilizado le resultará familiar, ya que únicamente tiene conectado un relé al GPIO13/D7.

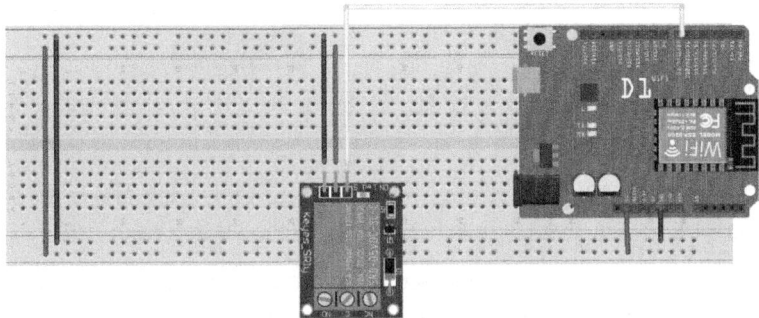

fritzing

Configure Tasmota para que reconozca dicho relé.

Se supone que se mantiene la configuración MQTT realizada anteriormente.

Luego, vaya a la herramienta MQTT Explorer y escriba el tema cmnd/mitasmota/POWER en el campo "Topic" del panel de publicación (el inferior derecho). Luego, seleccione la opción "raw" como tipo de contenido y escriba el texto "ON" (sin comillas).

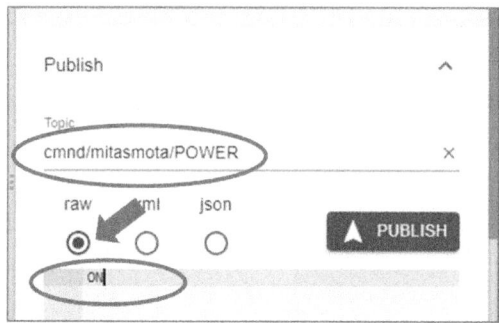

Al pulsar el botón "PUBLISH" Tasmota recibirá este mensaje y ejecutará el comando POWER ON, por lo que deberá oír cómo se activa el relé.

Además, en MQTT Explorer aparecerán los dos mensajes de respuesta enviados por Tasmota. El primero en el tema stat/tmitasmota/RESULT con el resultado de la ejecución del comando y el segundo en el tema stat/mitasmota/POWER con el estado en el que se ha quedado el relé.

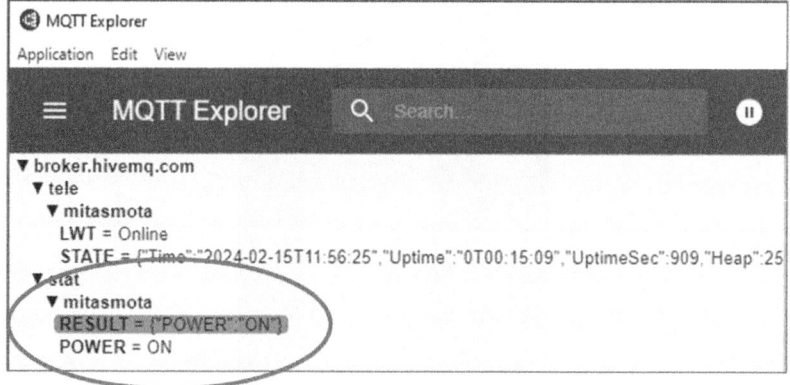

Pulse sobre él para mostrar los detalles del mensaje en el panel superior derecho de la herramienta. Arriba se localiza el nombre del tema (stat/

`mitasmota/RESULT`), en la parte inferior el contenido del mensaje (`{"POWER":"ON"}`) y, en uno de los lados, la fecha, la hora y el nivel de servicio (QoS) con el que fue enviado.

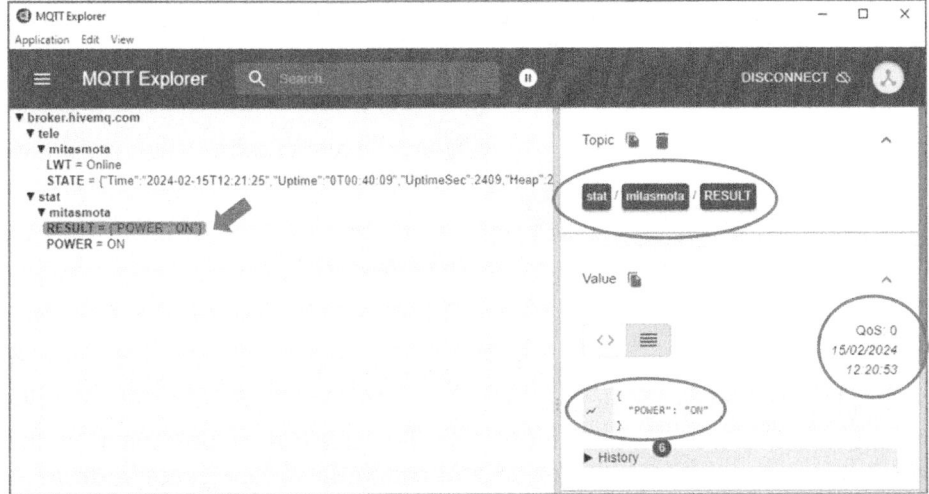

El icono con forma de papelera que hay sobre el nombre del tema sirve para borrar todos los mensajes publicados en dicho tema.

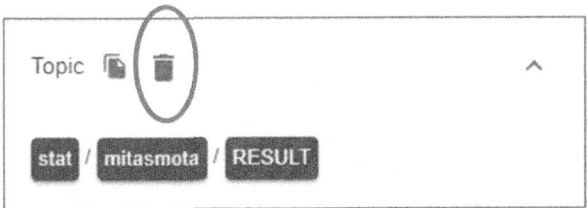

La sección "History", situada debajo del contenido del último mensaje, agrupa los enviados en ese mismo tema. Para verlos solo tendría que pulsar sobre ella (el número incluido en un círculo negro indica los que hay, en este caso, 6).

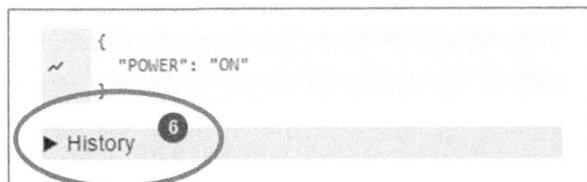

Los mensajes publicados por Tasmota también aparecen en la consola.

```
12:09:30.403 MQT: stat/mitasmota/RESULT = {"POWER":"ON"}
12:09:30.407 MQT: stat/mitasmota/POWER = ON
```

Para desactivar el relé solo tiene que sustituir "ON" por "OFF" en el contenido del mensaje MQTT y pulsar de nuevo el botón "PUBLISH".

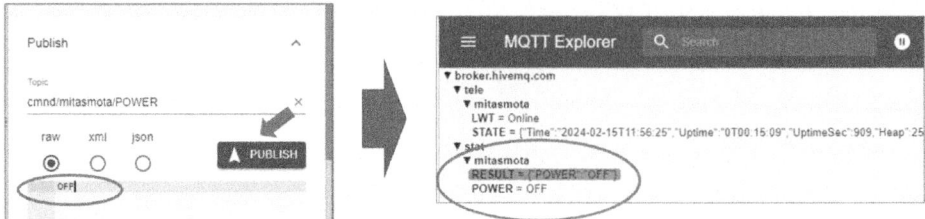

Puesto que los mensajes de respuesta de activación/desactivación del relé se publican siempre en los temas stat/tmitasmota/RESULT y stat/mitasmota/POWER, cualquier cliente MQTT suscrito a dichos temas podrá recibirlos, independientemente de si el comando se ha ejecutado desde la consola de Tasmota, de forma automática por una regla, mediante HTTP o desde otro cliente MQTT. Haga la prueba ejecutando el comando POWER ON desde la consola. Comprobará que la herramienta MQTT Explorer vuelve a recibir los mismos mensajes. Eso le permitirá conocer en todo momento el estado del relé independientemente de quién o cómo se haya dado la orden.

8.3.2 Obtención de los datos de un sensor

Si en la sección anterior aprendió a ejecutar comandos en Tasmota desde un cliente MQTT, en esta será capaz de obtener los datos obtenidos por un sensor. En concreto, la humedad y la temperatura recogidas con un sensor DHT11 conectado al GPIO GPIO13/D7.

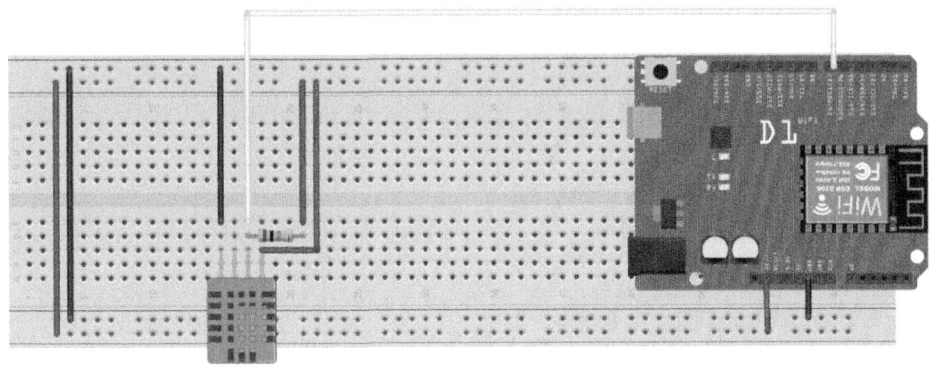

fritzing

Después de montar el circuito, configúrelo en Tasmota.

Tasmota

Parámetros del módulo

Tipo de módulo (Sonoff Basic)
Generic (18)

D3 **GPIO0**	Ninguno
TX **GPIO1**	Ninguno
D4 **GPIO2**	Ninguno
RX **GPIO3**	Ninguno
D2 **GPIO4**	Ninguno
D1 **GPIO5**	Ninguno
D6 **GPIO12**	Ninguno
D7 **GPIO13**	DHT11
D5 **GPIO14**	Ninguno
D8 **GPIO15**	Ninguno
D0 **GPIO16**	Ninguno
A0 **GPIO17**	Ninguno

Grabar

Al pulsar el botón "Grabar" se habrá obrado la magia, ya que en MQTT Explorer empezarán a recibirse mensajes cada cinco minutos cuyo contenido es la temperatura y la humedad actual. Eso es debido a que esta herramienta está suscrita al tema `tele/mitasmota/#`, que es donde mi Tasmota publica este tipo de información (en concreto, en `tele/mitasmota/SENSOR`).

En la siguiente imagen se muestra el último mensaje publicado por Tasmota con la temperatura y la humedad medida con el sensor DHT11. Pulse sobre él.

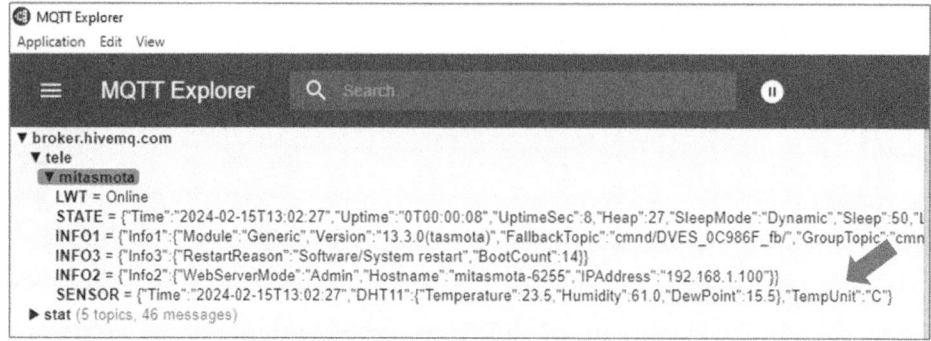

En el panel derecho de la herramienta aparecerá el tema (tele/mitasmota/SENSOR), el nivel de servicio, el momento en el que se envió y, sobre todo, su contenido.

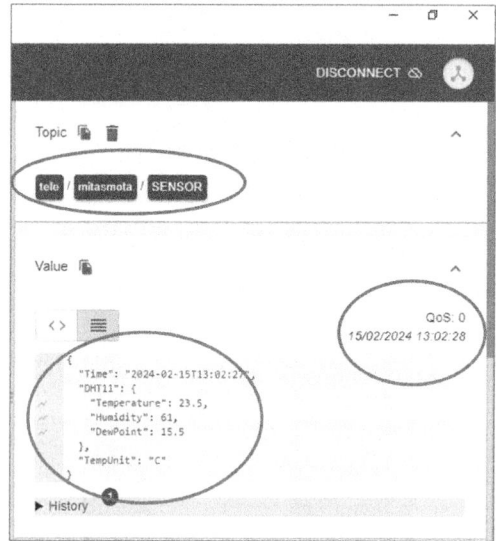

Se trata un objeto JSON con la siguiente estructura:

```
{
  "Time": "2024-02-15T13:02:27",
  "DHT11": {
    "Temperature": 23.5,
    "Humidity": 61,
    "DewPoint": 15.5
  },
  "TempUnit": "C"
}
```

Como sabe, un objeto JSON se compone de un conjunto de claves cuyos valores pueden ser tipos de datos primitivos como números o textos, pero también estructuras de datos como listas u otros objetos JSON.

En este caso concreto, el objeto JSON enviado por Tasmota tiene las siguientes claves:

- **"Time"**. Su valor es un texto que representa el instante de tiempo en el que se tomó la medida.

- **"DHT11"**. El nombre de esta clave es el del sensor del que se recoge la información. Su valor es un objeto JSON con dicha información.

- **"TempUnit"**. Su valor es un texto con la unidad de medida, en concreto, grados centígrados (podrían ser Farenheit).

> *i*
>
> Como curiosidad, el tiempo se escribe en formato ISO 8601. La ISO *(Internacional Organization for Standardization)* es una organización de estandarización encargada de la elaboración de normas técnicas a nivel internacional. Esta en concreto especifica la notación estándar utilizada para representar instantes e intervalos de tiempo sin ambigüedades.

Tal como se acaba de indicar, el valor de la clave "DHT11" es otro objeto JSON, a saber:

```
{
   "Temperature": 23.5,
   "Humidity": 61,
   "DewPoint": 15.5
}
```

Las claves de este nuevo objeto son:

- **"Temperature"**. Su valor es la temperatura.

- **"Humidity"**. Su valor es la humedad.

- **"DewPoint"**. Su valor es el punto de rocío estimado.

Tal como se comentó anteriormente, estos mensajes se envían regularmente cada cinco minutos. Si quisiera hacerlo en otro intervalo de tiempo, utilice el comando `TelePeriod`.

Antes de finalizar esta sección, realizará una última prueba que estoy seguro le resultará muy interesante.

En primer lugar, desconecte MQTT Explorer del bróker pulsando el botón "DISCONNECT" y, a continuación, vuelva a conectarse.

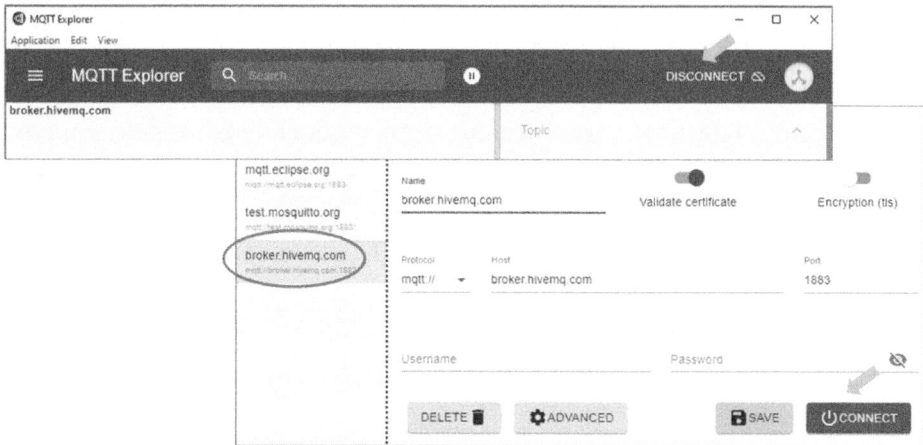

En estas circunstancias, podría estar esperando hasta cinco minutos la llegada de un mensaje con la información de la humedad y la temperatura. A fin de evitar esa espera, podría reducir el tiempo entre las medidas con el comando `TelePeriod` o, aún mejor, obligar a que los mensajes se enviasen con la opción de retención activada. De esta forma, conocería la última temperatura publicada en el mismo instante de conectarse.

Para ello, solo tiene que ejecutar el siguiente comando en la consola de Tasmota:

```
SensorRetain ON
```

Hecho esto, espere a que se publique el siguiente mensaje, ya que sería el primero que tendría la opción de retención activada. Luego, desconecte MQTT Explorer del bróker y vuelva a conectarlo. En esta ocasión obtendrá la temperatura de forma inmediata.

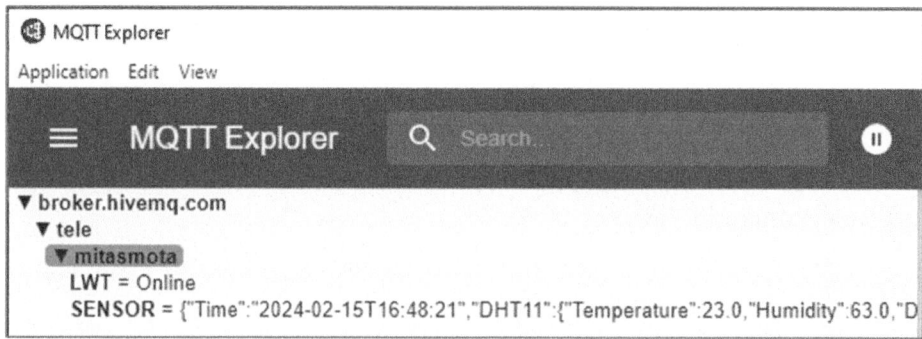

8.4 EL SERVICIO IOT MQTT PANEL

Una de las grandes ventajas del protocolo MQTT es que está disponible en multitud de lenguajes y plataformas, entre las que no podían faltar los teléfonos móviles. Estos ya forman parte inseparable de cualquier sistema IoT porque, al estar siempre con nosotros, permiten ver o controlar el estado de cualquier dispositivo en cualquier momento y desde cualquier lugar.

El uso de MQTT en un móvil no requiere saber programar en las plataformas Android ni iOS. De eso ya se han ocupado otros, que ponen a su disposición clientes MQTT con los que es posible manejar u obtener información de casi cualquier dispositivo mediante la publicación/suscripción de mensajes.

Entre las aplicaciones existentes en la Play Store que incluyen un cliente MQTT se ha optado por IoT MQTT Panel porque, además de ser gratuita, está orientada al ámbito doméstico, es completamente gráfica y resulta muy completa y fácil de manejar.

No dude en instalarla en su teléfono móvil, pero todavía no la abra. En la siguiente práctica aprenderá a conectarla a un bróker público y a diseñar una pantalla que le permita controlar la calefacción de su casa desde cualquier lugar (no será necesario estar conectado a la misma red wifi del dispositivo Tasmota, bastará con tener acceso a Internet).

8.4.1 Control de la calefacción por Internet

Tal como se acaba de comentar, en esta práctica utilizará la aplicación IoT MQTT Panel para componer un cuadro de mandos *(dashboard)* compuesto por un interruptor con el que pueda encender o apagar la calefacción de su casa, un testigo led que le informe del estado en el que se encuentra y un termómetro que muestre la temperatura en todo momento. Su aspecto será el siguiente:

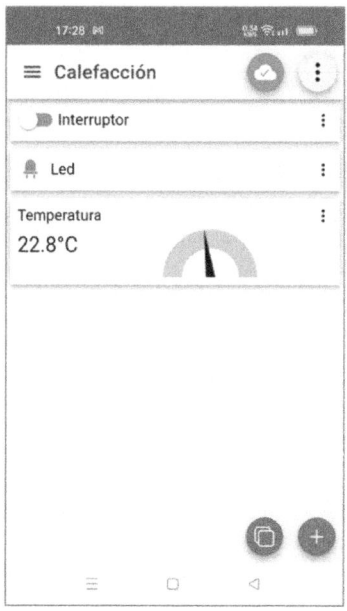

El circuito utilizado será una combinación de los empleados en las dos prácticas anteriores, ya que será necesario un relé que encienda o apague la calefacción y un sensor DHT11 que mida la temperatura.

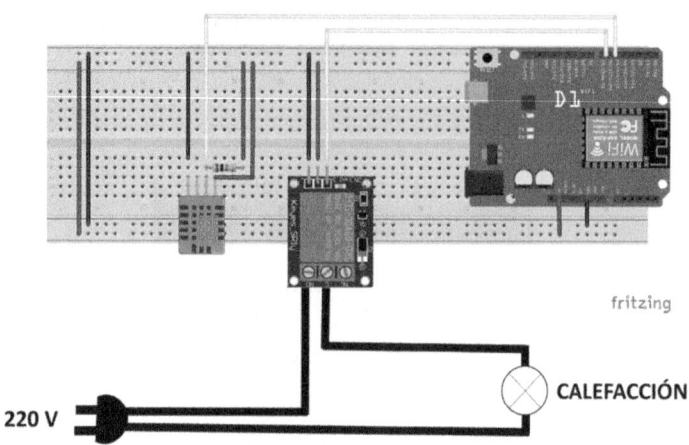

Por lo tanto, asocie ambos componentes a los GPIO correspondientes para que Tasmota los reconozca.

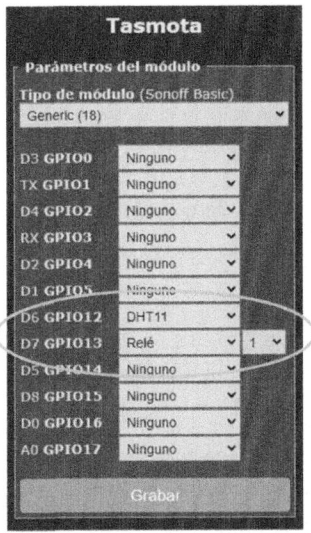

La interfaz gráfica del teléfono móvil se diseñará con las facilidades ofrecidas por IoT MQTT Panel, aplicación desde la que se publicarán los mensajes con los que se ordene el encendido/apagado de la calefacción. Asimismo, esta aplicación estará suscrita a los mensajes de confirmación de dichas órdenes, así como a los que informan de la temperatura actual.

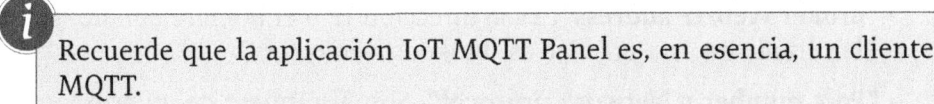

Recuerde que la aplicación IoT MQTT Panel es, en esencia, un cliente MQTT.

Si todavía no ha instalado la aplicación, hágalo ahora. Si ya lo ha hecho, ábrala. Lo primero que tendrá que hacer es configurar la conexión a un bróker. Eso es precisamente lo que indica el siguiente mensaje la primera vez que entre a la aplicación:

Pulse el botón "SETUP A CONNECTION." Aparecerá una pantalla en la que podrá crear su primera conexión, para lo que tendrá que rellenar los siguientes campos:

- **"Connection name".** Es el nombre de la conexión. Aunque puede poner el que quiera, yo he elegido el del propio bróker ("HiveMQ").

- **"Client ID".** Es el identificador con el que el cliente se conecta al bróker. Si no indicara ninguno, la aplicación lo generaría de forma aleatoria. No lo rellene.

- **"Broker Web/IP address".** Es la dirección IP o el nombre del bróker. El utilizado en esta práctica es "broker.hivemq.com."

- **"Port number y Network protocol".** Son el número del puerto y el protocolo utilizados en la comunicación. Mantenga los valores que aparecen por defecto, ya que son los estándar.

 Si pulsara en el signo de interrogación de cada campo, obendría una breve explicación del tipo de contenido que debe contener.

Después de añadir la información anterior, lo siguiente que tiene que hacer es crear un cuadro de mando *(dashboard)*. Se trata de una pantalla que agrupará los controles gráficos que le permitan manejar sus dispositivos. A tal efecto, presione el botón "+" ("Add Dashboard"), escriba el nombre que quiera darle (en este caso, "Calefacción") y pulse el botón "SAVE."

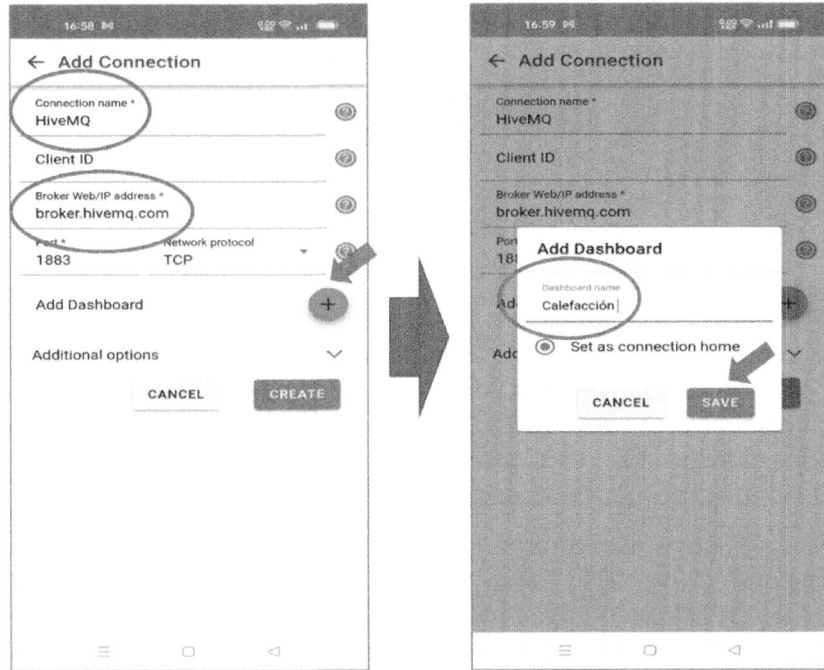

Volverá a la pantalla anterior, donde verá dicho *dashboard*. Haga clic en el botón "CREATE" para finalizar el proceso de creación de la conexión.

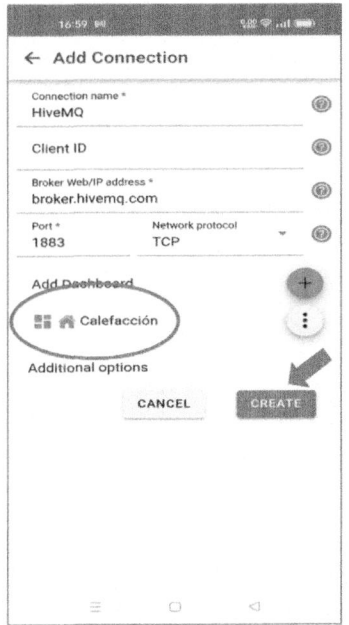

Esta aparecerá representada gráficamente como una nube. El *check* que hay dentro confirma que se ha establecido la comunicación con el bróker.

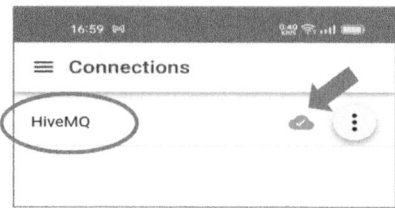

Una vez realizada la conexión, el siguiente paso es crear los controles gráficos que conforman la interfaz de usuario del sistema. Tal como se describió al principio de esta sección, se trata de un interruptor con el que se pueda encender/apagar la calefacción, un led que indique su estado actual y un medidor que muestre claramente la temperatura.

Empecemos por el interruptor. En primer lugar, pulse sobre el nombre de la conexión ("HiveMQ"). Como todavía no tienen ningún control gráfico asociado (en IoT MQTT Panel se llama panel) aparecerá un mensaje que se lo indica ("Current dashboard does not have any panel") y un botón que les permitirá crear el primero ("ADD PANEL"). Al pulsarlo, le llevará a otra pantalla en la que están todos los que podría añadir al *dashboard* creado anteriormente ("Calefacción"). Seleccione "Switch", ya que es el que representa un interruptor.

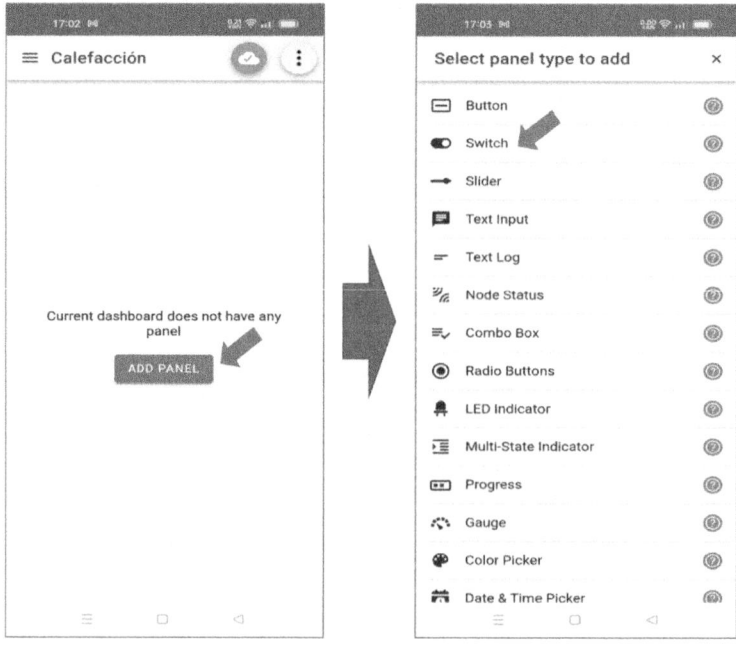

Se encontrará delante de una pantalla de configuración en la que tendrá que rellenar, al menos, estos campos:

- **"Panel name".** Es el nombre del elemento. Aunque en este ejercicio se le llame "Interruptor", puede poner el que quiera. Si tuvieran más de uno, debería darle un nombre más significativo como, por ejemplo, "Interruptor calefacción".

- **"Topic".** Tema en el que Tasmota recibe la orden de activar o desactivar un relé, en concreto, "cmnd/mitasmota/POWER" (si hubiera más de uno, habría que sustituir POWER por POWER1, POWER2, etc.).

- **"Subscribe Topic".** Tema al que está suscrito el interruptor. Déjelo en blanco, ya que este elemento solo publica mensajes.

- **"Payload on".** Contenido del mensaje que activa el relé ("ON"). Como sabe, representa el valor del parámetro del comando Power.

- **"Payload off".** Contenido del mensaje que desactiva el relé ("OFF").

 Los nombres de los campos que tienen un asterisco ('*') son obligatorios.

Una vez rellenados estos campos, pulse el botón "CREATE" (no se ve en la siguiente imagen porque tiene que desplazarse hacia abajo en la pantalla). Volverá a la pantalla anterior, en la que ahora aparece el interruptor que acaba de crear.

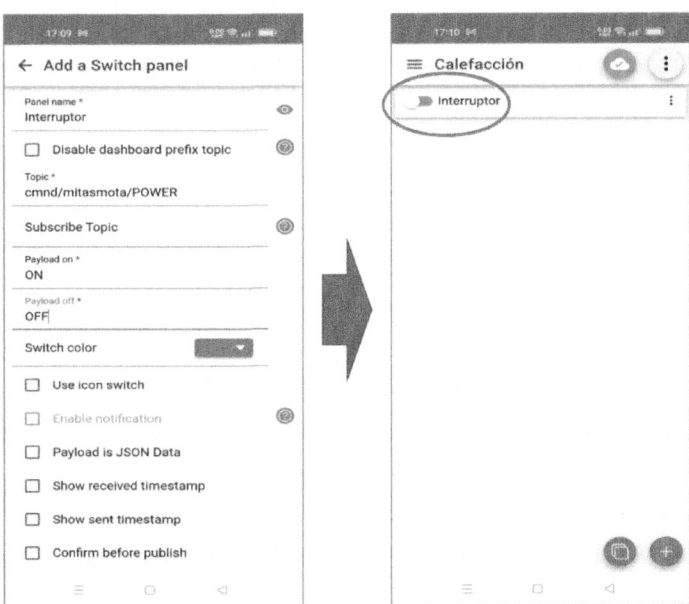

Recuerde sustituir la palabra "mitasmota" por el texto introducido en el campo "Topic" cuando configuró MQTT en su Tasmota. Además, no escriba las comillas al rellenar los campos.

El interruptor ya está operativo. Solo tiene que pulsarlo para oír el ruido que hace el relé en el momento de activarlo o desactivarlo.

El próximo control gráfico que se añada al *dashboard* será un led que muestre el estado de la calefacción. Este no se encenderá/apagará cuando se actúe sobre el interruptor, sino cuando el dispositivo confirme que ha recibido la orden. Así se asegura de que el estado de la calefacción coincida con el mostrado en pantalla.

Pulse el botón "+" situado en la parte inferior derecha de la pantalla anterior y seleccione "LED Indicator".

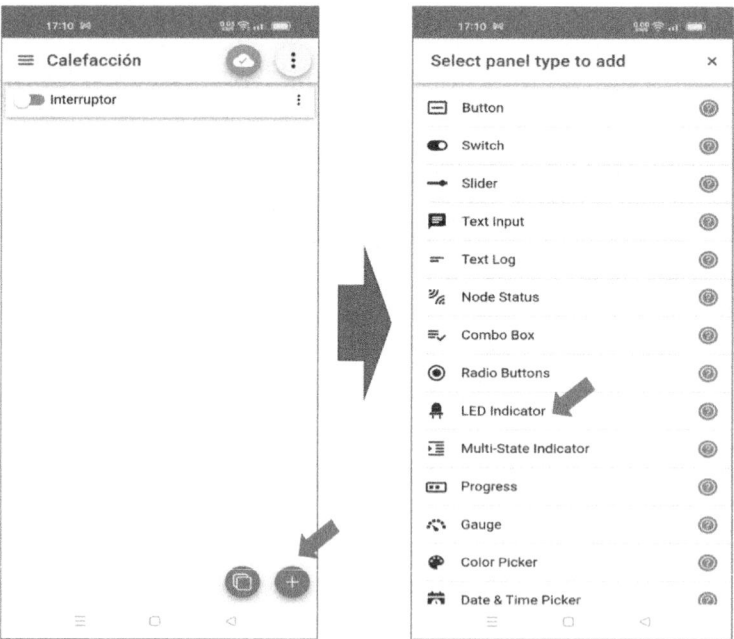

Aparecerá una nueva pantalla de configuración con los siguientes campos:

- **"Panel name".** Es el nombre del elemento. Aunque en este ejercicio se haya optado por "Led", ponga el que quiera.

- **"Topic".** Tema al que se suscribe el led. Debe ser el mismo con el que Tasmota publica los mensajes de cambio de estado del relé; en concreto, "stat/mitasmota/POWER".

- **"Payload on."** Contenido del mensaje recibido en el tema anterior que encendería el led, es decir, el que indica si el relé está activo ("ON").

- **"Payload off."** Contenido del mensaje recibido en el tema anterior que apagaría el led ("OFF").

Finalmente, pulse el botón "CREATE" situado en la parte inferior para volver a la pantalla anterior, donde el led aparecerá debajo del interruptor.

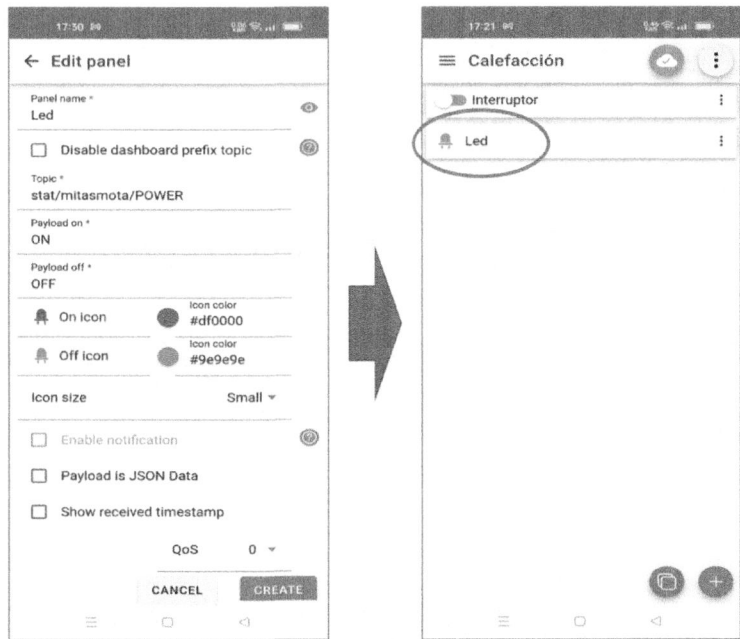

> *i*
>
> En la imagen superior (izquierda) se observa que también es posible configurar el tamaño (*Icon size*) o el color del led en ambos estados (*On Icon* y *Off Icon*), entre otras características.

Si durante las pruebas realizadas anteriormente dejó el relé activado, el led debería aparecer encendido. En caso contrario, pulse el interruptor y compruebe cómo lo hace. Puesto que es Tasmota quien envía la orden tras activar el relé, podrá estar seguro de que esta se ha cumplido correctamente. Si la orden no le hubiera llegado por problemas de comunicaciones o no hubiera podido cumplirla por cualquier otro contratiempo, el led no se encendería.

Solo falta por crear el termómetro. Vuelva a pulsar el botón "+" situado en la parte inferior derecha de la pantalla anterior y seleccione "Gauge" (medidor). En esta ocasión, los campos que deberá rellenar son:

- **"Panel name."** Nombre del elemento. Aunque en este ejercicio se llame "Temperatura", elija cualquier otro a su gusto.

- **"Topic."** Tema al que se suscribe el elemento. Se trata de aquel en el que Tasmota publica periódicamente la información obtenida de un sensor (en este caso el DHT11), en concreto "tele/mitasmota/SENSOR."

- **"Payload min."** Valor mínimo de la temperatura. Se ha elegido 0; no obstante, podría ser cualquier otro número, incluso negativo.

- **"Payload max."** Valor máximo de la temperatura. Se ha indicado 50, pero sería posible asignar otro diferente.

Aunque no es necesario cumplimentarlo, el campo *Unit* especifica la unidad del valor mostrado por el medidor; en este caso, "ºC". El campo *Factor* que hay a su lado es el número por el que se multiplicaría el valor recibido antes de mostrarlo en el medidor. Se trata, por lo tanto, de un factor de escala.

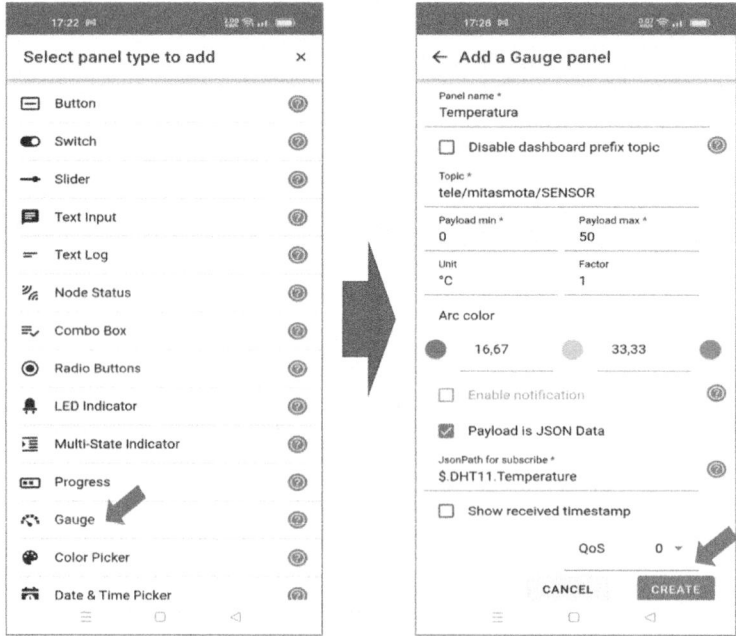

Los valores que hay entre los colores rojo, verde y amarillo indican el límite a partir del cual el arco del termómetro cambia de color. Se han dejado los colores y los valores que vienen por defecto, si bien podría cambiarse cualquiera de ellos.

Si es observador, se habrá dado cuenta de que en la imagen anterior se ha seleccionado la casilla de verificación "Payload is JSON Data."

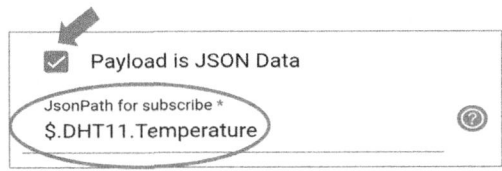

El motivo es porque Tasmota envía la información como un objeto JSON, del que IoT MQTT Panel tendrá que extraer la temperatura. Para hacer esta labor, será necesario utilizar expresiones JSONPath. Se trata de un lenguaje de consulta que permite obtener datos de un documento JSON.

Al igual que se hizo con el propio JSON, no se describirá en detalle la sintaxis de JSONPath, sino únicamente los conceptos clave. A tal fin, imagine que tiene el siguiente objeto JSON:

```
{
  clave1: valor1,
  clave2: valor2
}
```

En JSONPath este objeto se representa con el carácter $. De este modo, la expresión que devuelve el valor de la clave1 (valor1) sería:

```
$.clave1
```

Por la misma razón, la expresión que devuelve el valor de la clave2 (valor2) sería esta otra:

```
$.clave2
```

Ahora imagine que el valor2 no es primitivo, sino otro objeto formado por dos pares *clave:valor*:

```
{
  clave1: valor1,
  clave2: {
          clave3: valor3,
          clave4: valor4
        }
}
```

En este caso, la expresión que obtiene el valor de la clave3 sería:

```
$.clave2.clave3
```

Recuperemos el objeto JSON que publica periódicamente Tasmota para informar de la temperatura, la humedad y el punto estimado de rocío:

```
{
  "Time": "2024-02-15T13:02:27",
  "DHT11": {
    "Temperature": 22.8,
    "Humidity": 61,
    "DewPoint": 15.5
  },
  "TempUnit": "C"
}
```

Aplicando el conocimiento recién adquirido de JSONPath, la expresión que extraería el valor de la temperatura sería:

```
$.DHT11.Temperatura
```

Esa es precisamente la expresión introducida en el campo "JSON Path for Suscribe" que hay debajo de la casilla de verificación "Payload is JSON Data."

Una vez rellenados los campos requeridos, pulse el botón "CREATE."

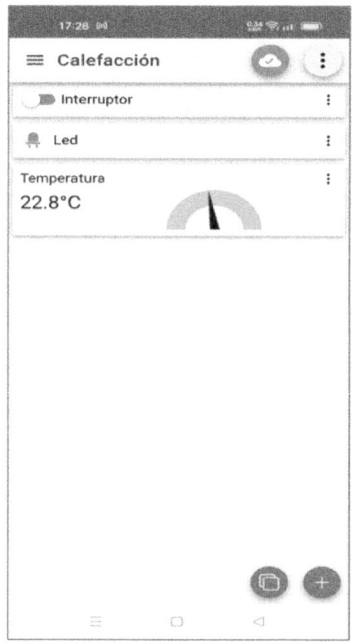

Como puede advertir, a partir de ese momento el termómetro ya marca la temperatura actual.

Con esto finaliza la interfaz del sistema que le dará la información y los medios para encender con antelación la calefacción el tiempo necesario para encontrar la casa a su gusto cuando llegue.

Llegados a este punto, ¿qué le parecería añadir un nuevo indicador que le informara si el dispositivo Tasmota está operativo? Aunque en el contexto de este ejercicio no sea un aspecto importante, en los sistemas dedicados a las labores de vigilancia o de protección resulta imprescindible tener la confirmación de que funciona correctamente en todo momento.

Para ello, la herramienta IoT MQTT Panel dispone de un panel específico llamado "Node Status". Tras seleccionarlo, rellene los siguientes campos:

- **"Panel name".** Nombre del elemento. Lo he llamado "Estado" porque es lo que representa.

- **"Topic"**. Tema en el que el bróker publica el mensaje de últimas voluntades, en concreto "tele/mitasmota/LWT".

- **"Payload sync request".** Contenido del mensaje de sincronización que publicaría IoT MQTT Panel en el tema anterior si se pulsara este panel. Sirve para saber si el dispositivo está operativo. No se va a utilizar, pero como IoT MQTT Panel obliga a cumplimentarlo deberá escribir algo (yo he puesto un asterisco).

- **"Payload online".** Contenido del mensaje MQTT publicado por el dispositivo al recibir el mensaje de sincronización anterior para informar que funciona con normalidad. En este caso es el que envía Tasmota en el momento de conectarse al bróker. Si lo recuerda, lo hacía en el tema de últimas voluntades con el contenido "Online".

- **"Payload offline".** Contenido del mensaje de últimas voluntades publicado por el bróker una vez detectada la desconexión de Tasmota. Tal como se expuso en una sección anterior, es "Offline".

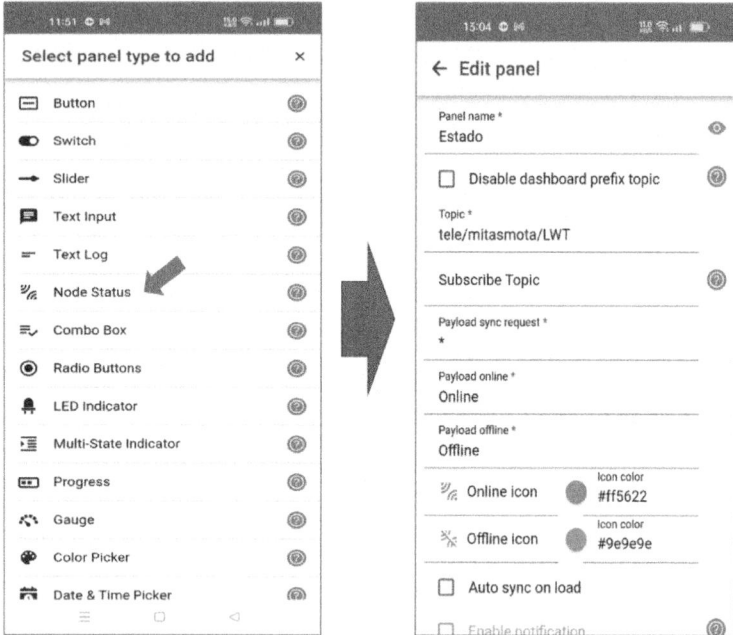

Una vez pulsado el botón "SAVE", el icono de este panel mostrará el estado del dispositivo Tasmota. Si estuviera desconectado, su aspecto sería el mostrado en la siguiente imagen (izquierda). Al conectarlo pasaría a ser el de la derecha.

Hasta que IoT Panel se entera de que un dispositivo ha dejado de funcionar pasará algo menos de un minuto, lo que tarda el bróker en dar la voz de alarma *(keep alive)*. En cambio, sabrá casi instantáneamente si está operativo, ya que Tasmota publica de forma inmediata un mensaje de sincronización en el momento de conectarse al bróker.

Los escasos segundos que IoT Panel tarda en saber que Tasmota está operativo son los requeridos para la conexión del dispositivo a la red wifi.

Unidad 9
EL MODO DEEP SLEEP

Uno de los principales inconvenientes de la tecnología wifi es su elevado consumo de energía. Esto impide el uso prolongado de pilas o baterías en los dispositivos domóticos que desarrolle con Tasmota. En consecuencia, quedarían excluidos aquellos ámbitos de aplicación en los que no hubiera cerca un enchufe. Sin embargo, no todo está perdido, ya que en las situaciones en las que solo se requiera el empleo de sensores cuyas medidas puedan espaciarse en el tiempo existe una solución: el modo *deep sleep*. Veamos en qué consiste.

Los microcontroladores ESP8266 disponen de un sistema de gestión de energía que permite su funcionamiento bajo diversos modos de trabajo, uno activo y tres de bajo consumo. En el activo todos sus componentes (el módulo wifi, el procesador, el reloj del sistema, etc.) están en funcionamiento. En los de bajo consumo se desactivan uno o varios de ellos. De estos últimos, el que menos energía consume es *deep sleep*, ya que solo mantiene activo el reloj (se para hasta la CPU). Como resultado, el gasto energético baja de los 50 mA-150 mA habituales a los 20 µA (¡casi dos mil veces menos!).

Se estará preguntando cómo es posible utilizar este modo de consumo si la CPU no funciona. La clave está en la capacidad de poder despertar el dispositivo cada cierto tiempo (ese es el motivo de que el reloj interno nunca se pueda parar). De esta forma, solo se consume energía durante el breve tiempo en el que se realice aquello que sea necesario (por ejemplo, obtener y enviar la temperatura por MQTT), ya que cuando está dormido es como si estuviera apagado.

Tasmota ofrece dos formas de hacer que un dispositivo entre en modo *deep sleep*:

- A intervalos regulares
- Mediante los eventos generados por los temporizadores

Aunque el empleo de temporizadores permite una configuración más flexible del tiempo, también es la más compleja, por lo que en esta sección se hará uso de la primera. Solo tendrá que conocer el siguiente comando, que mantiene el dispositivo en modo *deep sleep* el número de segundos indicado como parámetro:

```
DeepSleepTime segundos
```

Dicho número deberá estar en el rango 11..86400. Si su valor fuera 0, se desactivaría el modo *deep sleep*.

Tras ejecutar el comando, empezaría un proceso cíclico en el que el dispositivo estaría despierto el número de segundos establecido con el comando `Teleperiod`, tras lo cual caería en un sueño profundo durante el tiempo especificado en el comando `DeepSleepTime`, momento en el que volvería a despertarse.

Si la función del dispositivo es recoger los datos de un sensor y quiere minimizar el tiempo que está despierto, asigne un valor de 10 o 300 segundos al comando TelePeriod (si lo recuerda, este último es el que tiene por defecto). El uso de cualquiera de ellos provoca que el dispositivo se duerma pocos segundos después de obtener los datos del sensor, en lugar de esperar a que venza el periodo fijado con este comando.

Para que el dispositivo pueda salir del modo *deep sleep* será necesario conectar los pines GPIO16 (D0) y RST (reset). El GPIO16/D0 es un pin especial, ya que el reloj interno lo pone a un nivel bajo transcurrido el tiempo de sueño especificado. El pin RST es aún más especial, ya que reinicia el microcontrolador cuando se pone a un nivel bajo (se conecta a GND). Por lo tanto, al haber conectado ambos pines el dispositivo se reiniciará automáticamente (despertará) cuando venza el plazo de tiempo indicado en el comando `DeepSleepTime`.

En lo que respecta al uso de las reglas, si justo antes de que el dispositivo vuelva a dormirse quisiera realizar una serie de tareas (ejecutar una secuencia de comandos), deberá crear una regla cuyo disparador sea:

```
System#save
```

Si lo que quisiera es ejecutarlas al despertarse, el disparador sería:

```
System#boot
```

En caso de que dichos comandos tuvieran que ejecutarse incluso antes de completarse la conexión a la red wifi, utilice este otro disparador en vez del anterior:

```
Power1#Boot
```

9.1 ESTACIÓN METEOROLÓGICA

Una vez conocida la teoría, llegó el momento de ponerla en práctica. En esta ocasión lo hará construyendo un sistema que pueda situarse afuera de una ventana, en un balcón o en una terraza, con el objeto de obtener la temperatura y la humedad exteriores. Dichos valores podrán ser consultados en cualquier momento desde un teléfono móvil con IoT MQTT Panel. El dispositivo estará en modo *deep sleep* durante un minuto, se despertará el tiempo imprescindible para actualizar los datos de temperatura y humedad, y volverá a dormirse.

Recuerde que el dispositivo debe situarse en un punto donde haya cobertura wifi.

El circuito utilizado se compone de un sensor DHT11 conectado al GPIO13/D7 y un led en el GPIO12/D6 que se mantendrá encendido mientras el dispositivo esté despierto (servirá como testigo).

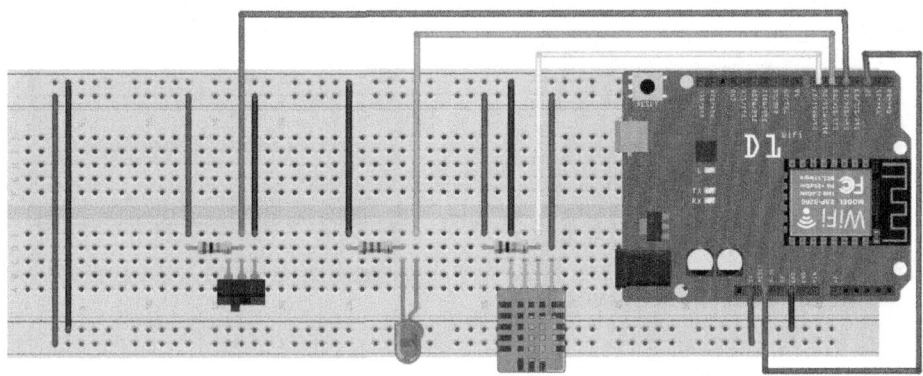

fritzing

153

En la imagen anterior se observa la conexión entre el GPIO16/D0 y el RST, imprescindible para que el dispositivo se despierte cuando haya transcurrido el periodo de tiempo establecido para el modo *deep sleep*.

También se aprecia la existencia de una resistencia de 10 KΩ, que mantiene a un nivel alto el GPIO14/D5 mientras no se actúe sobre el interruptor. Si lo accionara hacia la derecha conectaría dicho GPIO a GND, que pasaría a estar en un nivel bajo. Se emplea para evitar que el dispositivo vuelva a entrar en el modo *deep sleep* la próxima vez que se despierte. De esta forma, podría realizar cualquier cambio de configuración sin ningún límite temporal. Para reactivar de nuevo el ciclo sueño profundo ⊠ activación solo tendría que volver a poner el GPIO12/D6 a un nivel alto accionando el interruptor en sentido contrario y dejándolo en la posición original.

En la configuración de Tasmota se debe asociar el sensor DHT11 al GPIO13/D7, "Ledlikn_i" al GPIO12/D6 para que el led se encienda cuando el dispositivo se conecte a la red wifi y "Deep Sleep" al GPIO14/D5 para evitar que vuelva a caer en un sueño profundo mientras esté a un nivel bajo.

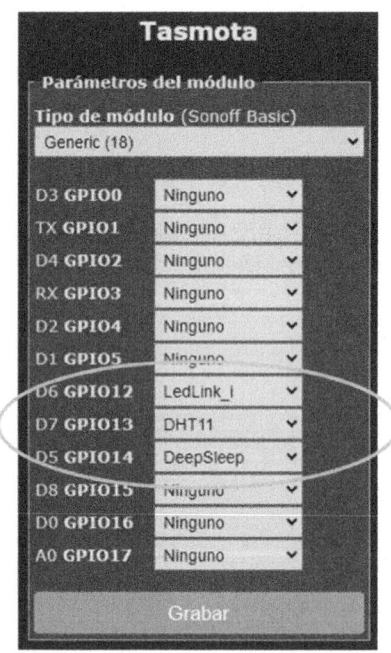
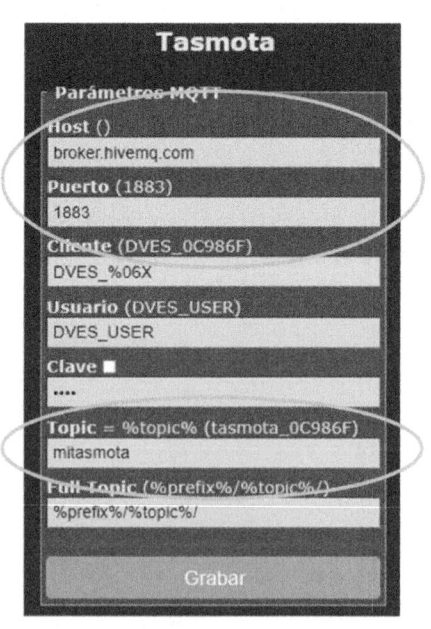

ⓘ La configuración MQTT será la misma utilizada en los ejercicios anteriores.

A continuación, deberá crear el cuadro de mandos *(dashboard)* que muestre la temperatura y la humedad exterior en IoT MQTT Panel. Su aspecto será el siguiente:

Para ello, abra la aplicación, pulse sobre la conexión "HiveMQ" (se va a utilizar el mismo bróker que en el ejercicio anterior) y, luego, sobre los tres puntos situados en la esquina superior derecha de la pantalla. Se desplegará un menú del que debe elegir la opción "Add a new dashboard".

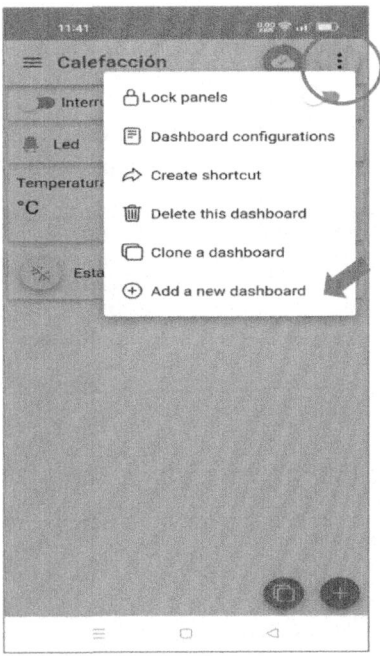

Aparecerá una nueva pantalla en la que únicamente tendrá que rellenar el campo "Dashboard name" (llámelo "Estación meteorológica") y pulsar el botón "CREATE".

Tal como se aprecia en esta otra imagen, habrá vuelto a la pantalla anterior, en cuya parte inferior hay dos pestañas: la del *dashboard* creado en el capítulo anterior ("Calefacción") y la del nuevo ("Estación meteorológica").

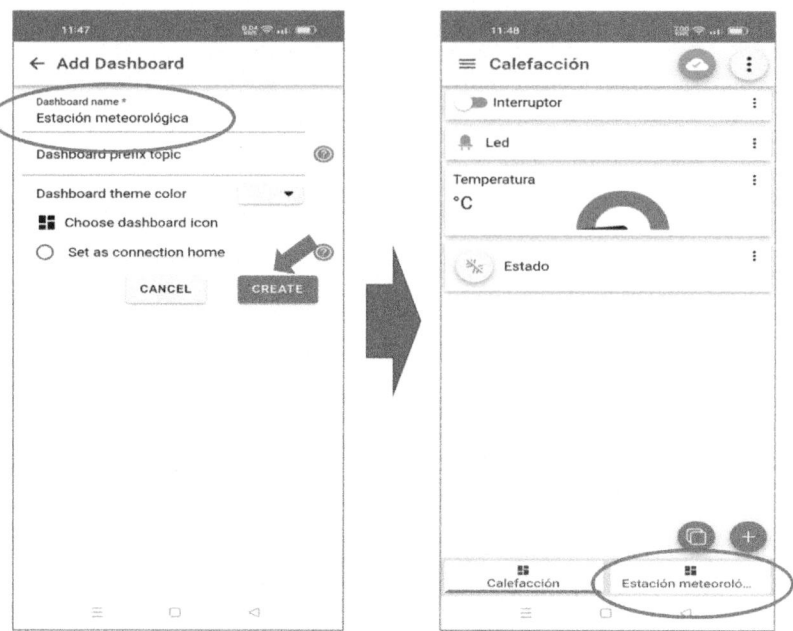

Seleccione este último y añada los controles gráficos con los que quiera mostrar la temperatura y la humedad. Ya sabe cómo hacerlo.

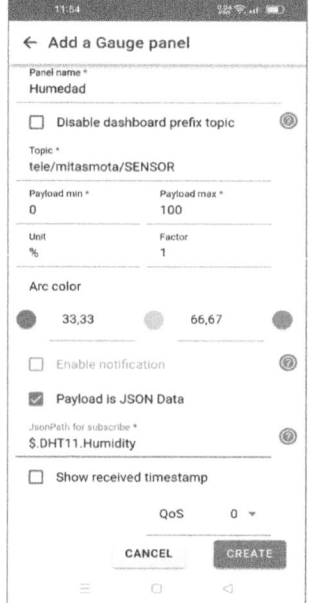

El de la temperatura es el mismo que creamos para el control de la calefacción. En el de la humedad se han asignado estos otros valores:

- **"Panel name".** Humedad.
- **"Topic".** tele/mitasmota/SENSOR. Coincide con el de la temperatura.
- **"Payload min".** 0.
- **"Payload max".** 100.
- **"Unit".** %
- **"JsonPath for subscribe".** $.DHT11.Humidity

El resultado es el mostrado a continuación, en el que se observan la temperatura y la humedad actuales (se supone que el dispositivo está conectado).

Finalizada la configuración de IoT MQTT Panel, vaya a la interfaz web de Tasmota y ejecute el siguiente comando:

```
DeepSleepTime 60
```

El dispositivo hará una primera cuenta atrás de un minuto antes de pasar al modo *deep sleep* (la puede ver en la consola), momento en el que el led se apagará. Transcurrido otro minuto se despertará, algo que pone en evidencia el encendido del led, que se apagará nada más obtener y enviar por MQTT la humedad y temperatura actuales (no espera a que pasen los 300 segundos que hay por defecto de `TelePeriod` al ser un valor especial). Al cabo de otro minuto volverá a despertarse y se repetirá el ciclo.

Toque el sensor durante ese tiempo y compruebe que el móvil actualiza la temperatura y la humedad cada vez que se despierta.

Si quitara la alimentación del dispositivo, al volver a conectarla habría una nueva cuenta atrás de un minuto antes de entrar en el modo *deep sleep*.

Cuando el led esté apagado, accione el interruptor para poner a un nivel bajo el GPIO14/D5. En esas circunstancias, la próxima vez que se encienda el led ya no se apagará (el dispositivo permanecerá despierto indefinidamente). A partir de entonces podrá trabajar con Tasmota de la forma habitual sin el miedo a que vuelva a dormirse. Incluso, podría evitar que regresara al modo *deep sleep* ejecutando el comando (el interruptor ya no tendría efecto):

```
DeepSleepTime 0
```

Unidad 10
DISPLAYS

Aunque la información de estado o la ofrecida por los sensores se puede ver desde la interfaz web de Tasmota, e, incluso, mediante un cliente MQTT, hay veces que es necesario mostrarla en el propio dispositivo. Por ese motivo Tasmota ofrece soporte a multitud de displays, desde los más sencillos de 7 segmentos, pasando por las pantallas LCD, hasta las sofisticadas OLED *(Organic Light-emitting Diode)* o las de tinta electrónica.

Todas las pantallas compatibles con Tasmota las encontrará en https://tasmota.github.io/docs/Displays/.

La pantalla elegida para realizar las prácticas de este capítulo es la 1602, una de las más comunes y asequibles. Se trata de una pantalla en la que se pueden llegar a visualizar hasta dos líneas de 16 caracteres. Se le ha incorporado por detrás un controlador I2C que simplifica el conexionado con el WEMOS, ya que solo tiene cuatro pines: los de alimentación (VCC y GND) y los correspondientes al protocolo I2C (SCL y SDK).

En la siguiente imagen se observa dicha pantalla con el controlador I2C en la parte trasera:

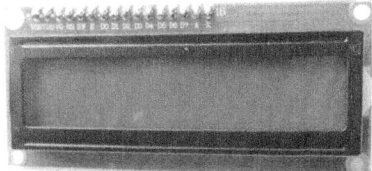 

Esta otra imagen muestra el circuito empleado, en el que, además de los pines de alimentación (GND y VCC), se conectan entre sí los pines SDA y SCL del adaptador I2C y el WEMOS (GPIO4 y GPIO5, respectivamente).

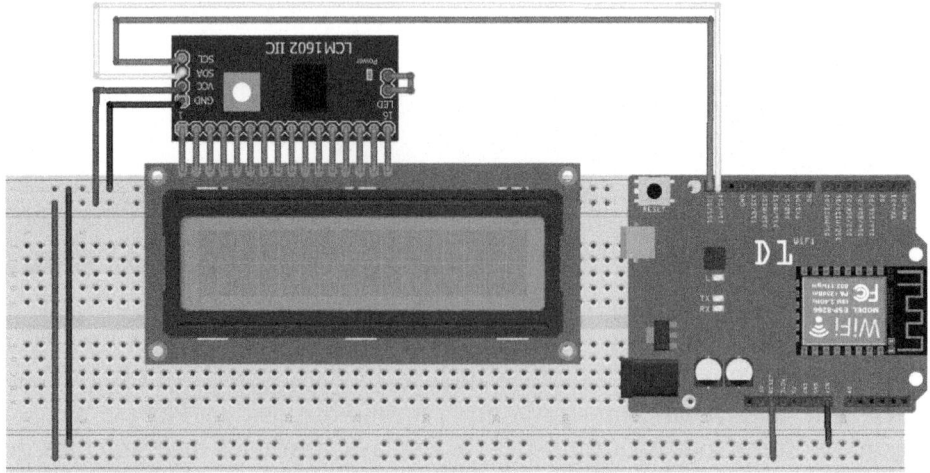

Una vez construido el circuito, el siguiente paso sería configurar Tasmota para que reconociera la pantalla. Sin embargo, el firmware utilizado hasta ahora no puede hacerlo, por lo que tendrá que cargar otro diferente, en concreto, "Tasmota Display."

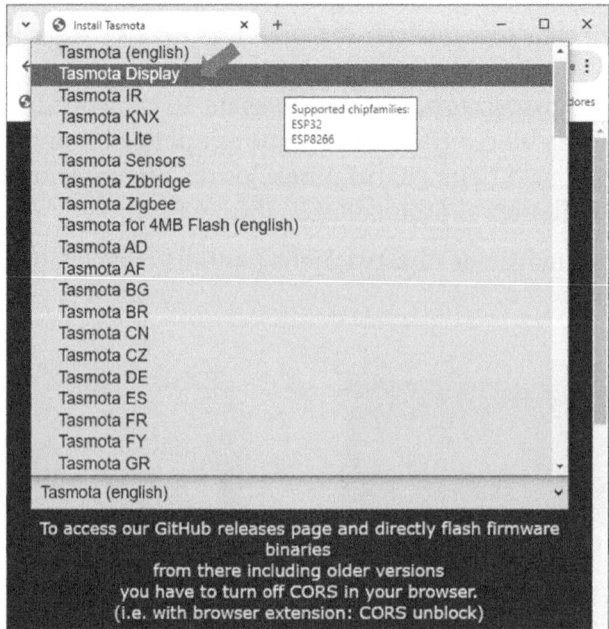

Para instalar este nuevo firmware tendrá que seguir los mismos pasos que dio con Tasmota ES, es decir, conectarlo a su red wifi, asignarle una dirección IP fija (por ejemplo, la 192.168.1.100) y configurar el tipo de módulo Generic (18).

Hecho esto, asocie el GPIO04 a "I2C SDA" y el GPIO05 a "I2C SCL" para que Tasmota sepa que hay un dispositivo I2C conectado a estos pines.

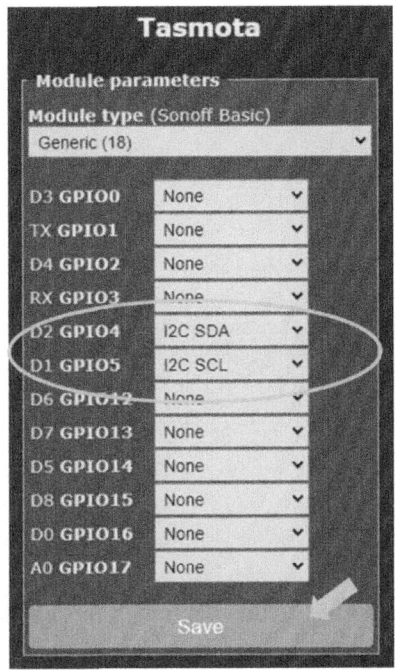

Tras pulsar el botón "Save" su dispositivo ya estará en condiciones de mostrar la información por la pantalla.

10.1 COMANDOS DE CONFIGURACIÓN Y VISUALIZACIÓN DE INFORMACIÓN

Tasmota establece seis modos de visualización, que no son más que configuraciones predefinidas. En esta obra se van a describir únicamente dos:

- **Modo 0**. Muestra el texto o los gráficos indicados por el usuario.

- **Modo 1**. Muestra la fecha y hora actuales.

En realidad, el comportamiento de Tasmota en cada modo depende del tipo de display que tenga conectado (en el caso de ser LCD, OLED o TFT es el indicado anteriormente). En https://tasmota.github.io/docs/Displays/ encontrará una tabla con las configuraciones predefinidas por tipo de pantalla.

Parameter	LCD Display	OLED Display	TFT Display	7-segment Display (TM163x, MAX7219 and TM1650)
0	DisplayText	DisplayText	DisplayText	All TM163x / TM1650 *Display*- functions
1	Time/Date	Time/Date	Time/Date	Time
2	Local sensors	Local sensors	Local sensors	Date
3	MQTT and Time/Date	Local sensors and Time/Date	Local sensors and Time/Date	Time/Date
4	Local sensors	MQTT and local sensors	MQTT and local sensors	NA
5	MQTT and Time/Date	MQTT, local sensors and Time/Date	MQTT, local sensors and Time/Date	NA

 En esta misma página encontrará los displays soportados.

El modo de visualización se establece con el comando:

`DisplayMode` *modo*

Si bien el modo 1 es muy restrictivo, ya que en la pantalla solo aparecen la fecha y la hora, con el modo 0 es posible mostrar cualquier tipo de información textual mediante el comando:

`DisplayText[`*control*`]...[`*control*`]` *texto*

El texto no se escribe entre comillas (si las añadiera se verían en la pantalla). Además, los caracteres especiales (por ejemplo, la letra ñ) se representan con su código hexadecimal precedido por el carácter '~'.

Los parámetros de control que afectan a la forma de mostrar el texto van entre corchetes. Son muchos, por lo que se ha optado por describir los más comunes:

- [z]. Borra la pantalla
- [xn]. Sitúa el texto en la posición horizontal *n*.
- [yn]. Sitúa el texto en la línea *n*.

Si lo que quiere es mostrar la fecha o la hora junto a otro tipo de información, también dispone de estos otros comandos:

- [t]. Muestra el tiempo y la hora en el formato HH:MM
- [tS]. Muestra el tiempo y la hora en el formato HH:MM:SS
- [T]. Muestra la fecha en el formato DD.MM.YY

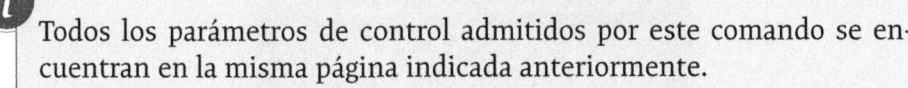

Todos los parámetros de control admitidos por este comando se encuentran en la misma página indicada anteriormente.

Ahora que ya tiene conectada una pantalla LCD a un dispositivo Tasmota y conoce los comandos que permiten manejarla, llegó el momento de poner en práctica estos nuevos conocimientos teóricos.

10.2 PRÁCTICAS

En esta sección tendrá la oportunidad de construir tres sistemas (tan simples como útiles) que demuestran lo fácil que resulta mostrar información en una pantalla con Tasmota.

El primero será un reloj digital que siempre estará en hora. Recuerde que Tasmota la recoge de Internet y que, además, tiene en cuenta los horarios de verano e invierno. El segundo le permitirá ver la temperatura y la humedad obtenidas con un sensor DHT11. Con el tercero podrá elegir la temperatura a la que quiera mantener una estancia.

Aunque se trabaje con la pantalla 1602, los comandos utilizados son igualmente válidos para las de tipo OLED.

10.2.1 Reloj digital

Tal como se acaba de indicar, el resultado de esta primera práctica será un reloj-calendario que muestra la hora en la parte superior de la pantalla y la fecha en la inferior. Solo tendrá que ejecutar el comando que establece el modo 1 de visualización:

```
DisplayMode 1
```

```
13:24:20.414 CMD: DisplayMode 1
13:24:21.499 RSL: RESULT = {"DisplayMode":1}
```

Inmediatamente después aparecerán en pantalla la fecha y la hora actual. Más fácil, imposible.

Si la hora no fuera la correcta, deberá configurar la zona horaria donde se encuentre. Recuerde que puede usar la herramienta web que ofrece Tasmota en la página https://tasmota-tz.cloudfree.io/ (se describió en el capítulo dedicado a los temporizadores). Solo tendría que señalar su ubicación en el mapa, copiar el comando `Backlog` ofrecido como resultado y ejecutarlo en la consola de Tasmota.

10.2.2 Presentación de los datos de un sensor

El objetivo de este segundo ejercicio es mostrar la temperatura y la humedad recogidas por un sensor DHT11, tal como se observa en la siguiente imagen.

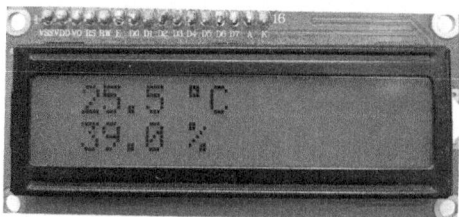

El circuito es el mismo de la práctica anterior, al que se le ha conectado un sensor DHT11 en el GPIO13/D7:

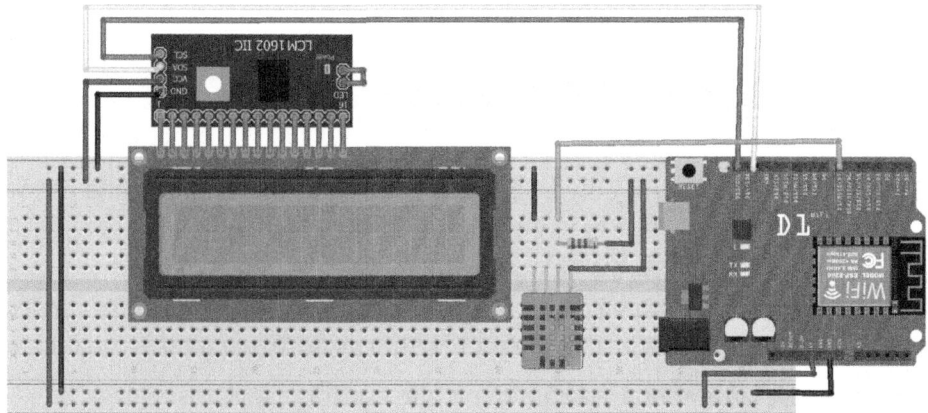

Configure Tasmota para que lo reconozca (además del display). Luego, pulse el botón "Save".

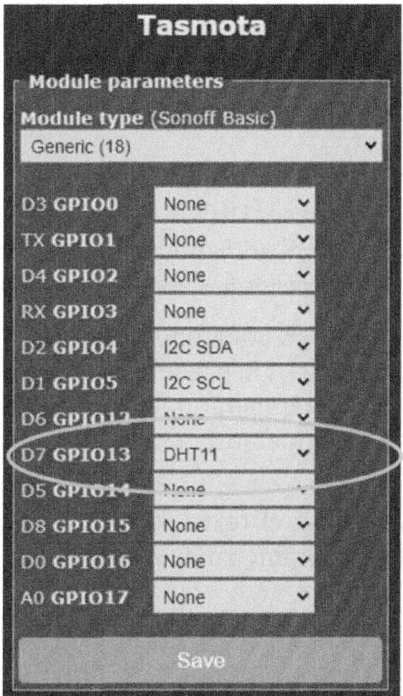

Una vez reiniciado el dispositivo, ejecute el siguiente comando en la consola (establece el modo texto):

DisplayMode 0

```
13:17:34.502 CMD: Display mode 0
13:17:34.508 RSL: RESULT = {"Display":{"Model":1,"Type":0,"Width":16,"Height":2,"Mode":0,
```

En ese momento dejará de ver la fecha y la hora. Ahora la pantalla estará vacía, ya que solo aparecerá lo que indique con el comando DisplayText.

Como curiosidad, observe que en el resultado del comando se incluyen algunas características de la pantalla. Por ejemplo, el ancho y el alto son los valores de las claves "Width" y "Height" (2 líneas de 16 caracteres cada una).

Para mostrar la temperatura solo tiene que escribir estas dos reglas:

```
Rule1 ON DHT11#Temperature DO DisplayText[z][y0] %value% ~DFC ENDON
      ON DHT11#Humidity DO DisplayText[y1] %value% % ENDON
```

> *i* Se supone que estas son las primeras reglas que crea tras instalar Tasmota Display. De lo contrario, recuerde borrar todas las que hubiera anteriormente con el comando Rule1 " para que no interfieran con las nuevas.

Las dos reglas se ejecutarán cada vez que Tasmota obtenga el valor de la temperatura y la humedad del sensor DHT11 (por defecto, cada cinco minutos), y lo reflejará en pantalla con el comando DisplayText. Como dicho valor es el que provocó el disparo de las reglas, estará almacenado en %value%.

En el caso de la temperatura, el comando DisplayText se utiliza con dos parámetros de control, [z] y [y0]. El primero borra lo que hubiera en pantalla previamente (el valor de la temperatura y humedad anteriores), mientras que el segundo escribe la temperatura en la primera línea de la pantalla.

> *i* Cuando no se indica nada, el texto se escribe por defecto en la primea línea, por lo que el parámetro de control [y0] realmente no sería necesario.

> *i* Los parámetros de control se pueden agrupar dentro de los mismos corchetes. Por ese motivo, el comando de esta primera regla también se podría haber expresado así:
>
> ```
> DisplayText[zy0] %value% ~DFC
> ```

A continuación del valor de la temperatura se añade la unidad de medida (grados centígrados, representada como ºC). Sin embargo, como el carácter 'º' es especial no se puede escribir tal cual, por lo que se sustituye por su código ASCII hexadecimal (DF) precedido del carácter '~'.

En el caso de la humedad, el parámetro de control del comando `DisplayText` es `[y1]`, lo que le indica a Tasmota que muestre su valor en la segunda línea de la pantalla. A diferencia del comando ejecutado en la primera regla, no se hace uso del parámetro de control `[z]` porque borraría el valor de la temperatura antes de escribir el de la humedad.

Una vez añadidas ambas reglas solo queda activar `Rule1` (al acabar de instalar el nuevo firmware, por defecto está desactivado):

```
Rule1 ON
```

A partir de ese momento aparecerá en pantalla la información deseada. Toque el sensor durante unos breves segundos y compruebe cómo cambian los valores de la temperatura y la humedad.

Recuerde que los valores de humedad y temperatura se actualizan, por defecto, cada 5 minutos. Durante la realización de las pruebas reduzca este tiempo con el comando `TelePeriod`.

10.2.3 Termostato digital

En esta última práctica utilizará un potenciómetro para ajustar la temperatura a la que quiera tener una estancia. Tanto la temperatura programada como la actual podrán verse en un display, tal como se muestra a continuación.

Los potenciómetros se comercializan en diversos formatos, pero el utilizado en este ejercicio será el mostrado a continuación, ya que dispone de un eje al que se le puede acoplar un mando para girarlo con facilidad (serviría cualquier otro). Su valor óhmico es indiferente, aunque el empleado durante las pruebas es de 10 KΩ.

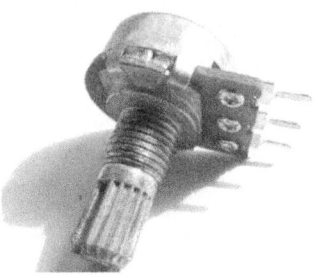

El circuito utilizado parte del montado en el ejercicio anterior (compuesto por una pantalla LCD y un sensor DHT11), al que se le añade un potenciómetro, un relé y un led.

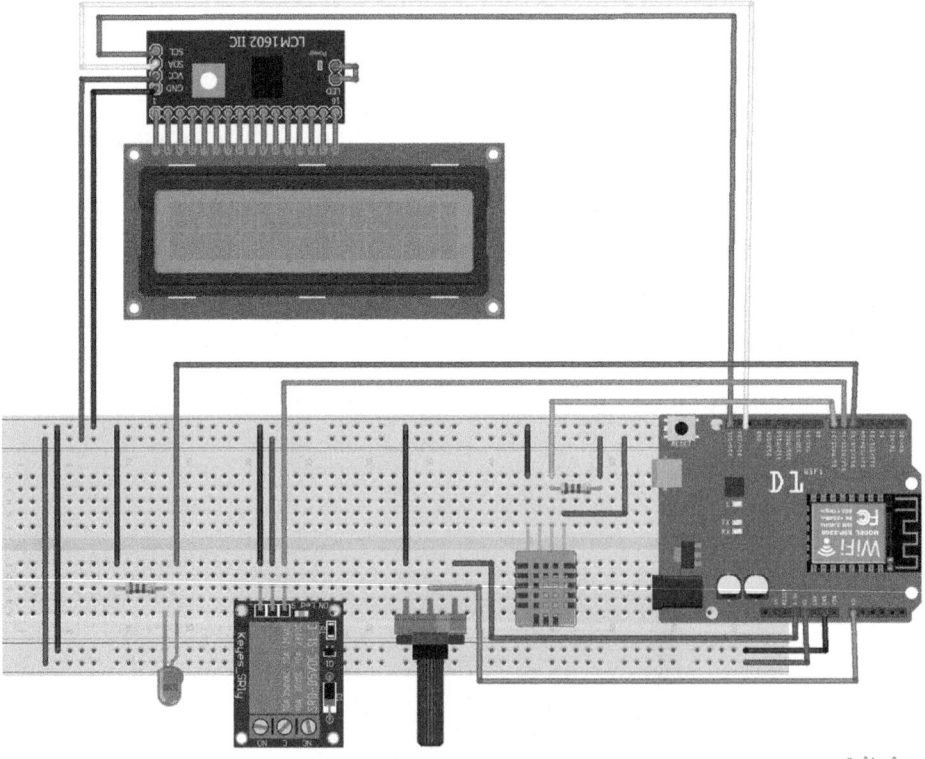

El terminal central del potenciómetro está conectado a la entrada analógica A0. Los otros dos lo hacen a GND y VCC (3.3 V, no 5 V). Por su parte, el relé que enciende la calefacción se controla con el GPIO12/D6.

Finalmente, el led que hace de testigo (se enciende cuando se activa el relé) se conecta al GPIO14/D5.

Una vez preparado el circuito, configure Tasmota para que reconozca estos nuevos componentes.

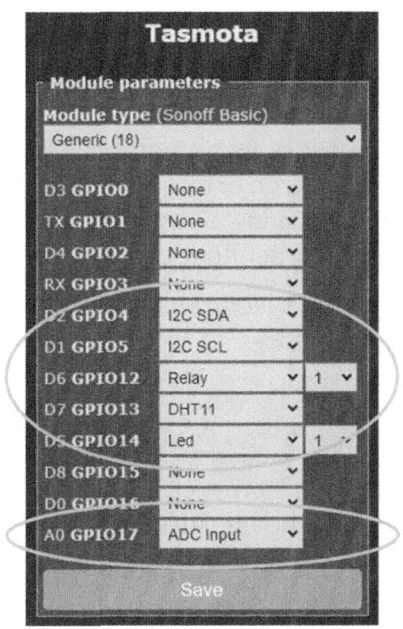

Ya solo queda introducir las reglas que permitan modificar la temperatura programada. La que muestra la temperatura actual es la siguiente:

```
ON DHT11#Temperature DO DisplayText[y0] Act: %value% ~DFC~20~20~20 ENDON
```

Se aprecian dos diferencias respecto de la que mostraba la temperatura en el ejercicio anterior. La primera es que desaparece el parámetro de control [z] del comando DisplayText. El motivo es porque ahora no se puede borrar la pantalla cada vez que se realiza una nueva lectura del sensor, ya que eso haría desaparecer la temperatura programada. Cuando en la segunda línea del display se mostraba la humedad esto no suponía un problema porque ambos valores se actualizaban a la vez (procedían del mismo sensor). Pero como el valor de la temperatura y el del del pin analógico se toman en momentos diferentes, estarían apareciendo y desapareciendo de forma intermitente, algo inaceptable.

La solución para evitar este desagradable efecto es borrar con espacios los caracteres que pudiera haber a continuación de la temperatura mostrada actualmente (a su derecha). Si no se hiciera así, observe lo que se vería en la primera línea del display cuando en un determinado instante la temperatura hubiera sido 100.0 °C, en otro 10.0 °C y finalmente 0.0 °C:

Act: 100 °C

Act: 10 °CC

Act: 0 °CCC

Es decir, cuando un texto es de menor longitud que otro visualizado previamente, los caracteres que hubiera en el extremo derecho seguirían apareciendo (no se eliminan). Ese es el motivo de que sea necesario añadir espacios al final, ya que producen el mismo efecto que si se borraran. Como detalle adicional, al estar situados al final del comando, deberán añadirse como caracteres especiales haciendo uso de su código hexadecimal (20).

Las reglas relacionadas con la lectura del valor analógico (la posición del potenciómetro) son las siguientes:

```
ON Analog#A0div10 DO Mem1 %value% ENDON
ON Analog#A0div10 DO DisplayText[y1] Pro: %Mem1%.0 ~DFC~20~20~20 ENDON
```

El disparador `Analog#A0div10` provocará la ejecución de las reglas cuando el valor de A0 cambie en más de un 1 %. A diferencia del disparador `Analog#A0` (empleado en un ejercicio anterior), dicho valor se mueve en el intervalo 0..100 (en vez de 0..1023).

La primera regla almacena en la variable `Mem1` el valor de A0 (`%value%`), que representa la temperatura programada.

La segunda regla mostrará este valor en la segunda línea del display. La forma de hacerlo es similar a la descrita con la temperatura.

Las últimas reglas activan el relé cuando la temperatura del sensor sea menor que la programada o lo desactivan en caso contrario:

```
ON DHT11#Temperature>%Mem1% DO Power1 0 ENDON
ON DHT11#Temperature<%Mem1% DO Power1 1 ENDON
```

Para ello, el disparador de ambas reglas utiliza una expresión que compara la temperatura obtenida del sensor DHT11 (`DHT11#Temperature`) con la programada (almacenada en la variable `Mem1`).

Como siempre, borre todo lo que pudiera haber en el conjunto `Rule1` antes de añadir estas nuevas reglas. Para probarlas, mueva el potenciómetro a uno y otro extremo. Escuchará cómo se activa/desactiva el relé y verá cómo se enciende/apaga el led cuando la temperatura actual sea menor/mayor que la programada.

Marcombo

Marcombo es una editorial especializada en libros técnicos y científicos con más de 75 años de experiencia.

Los títulos de Marcombo están escritos por grandes especialistas y tratan materias como Tecnología, Empresa, Instalaciones y otros temas relacionados con las ciencias e ingenierías. Asimismo, publicamos libros sobre formación profesional, certificados de profesionalidad y universitarios. Materias de siempre y actuales que avalan una rigurosa y dilatada trayectoria editorial.

Tal como hemos hecho durante todos estos años, Marcombo está su disposición para ofrecerle las mejores obras técnicas, científicas y de formación de ayer, hoy y siempre. Los autores, nacionales e internacionales, comparten su amplia experiencia mostrando tutoriales de contenidos paso a paso, expertos consejos e ideas motivadoras que reforzarán sus conocimientos. Estos libros son una valiosa herramienta con la que potenciará notablemente sus habilidades y conocimientos técnicos.

Queremos agradecer su confianza en los libros de Marcombo. Por eso, queremos compartir con usted diversos regalos digitales de algunas de los temas de referencia.

Puede acceder a ellos dentro del apartado **Contenido gratuito** en **www.marcombo.com**